技工院校公共基础课程教材配套用书

物理（第七版）

通用类 学习指导与练习

主 编 代 福

参 编 张 睿 扈 江 刘 丽 吕柳生

中国劳动社会保障出版社

内容简介

本学习指导与练习是技工院校公共基础课程教材《物理（第七版）（通用类）》的配套用书。学习指导与练习紧扣教学要求，内容编排上依照教材的章节顺序，题型涵盖判断题、填空题、选择题、计算题、作图题以及简答题等，注重考察基本概念的理解、基本公式的应用以及基本思维方式的培养，突出相关计算和分析能力的提高，贴合职业教育的需求。在每章前用一段文字概括了学习重点和难点，同时采用思维导图的形式将章节重点知识的内在逻辑关系串联起来，便于学生从宏观上把握知识的内在联系；每节的巩固练习前设有学习目标和学习指导栏目，有利于学生快速把握学习和练习巩固的重点。

本学习指导与练习由代福担任主编，张睿、扈江、刘丽、吕柳生参与编写。

图书在版编目（CIP）数据

物理（第七版）（通用类）学习指导与练习 / 代福主编. -- 北京：中国劳动社会保障出版社，2025.（技工院校公共基础课程教材配套用书）. -- ISBN 978-7-5167-3717-0

Ⅰ. O4

中国国家版本馆 CIP 数据核字第 2025YB7038 号

物理（第七版）（通用类）学习指导与练习

WULI（DI-QI BAN）（TONGYONGLEI）XUEXI ZHIDAO YU LIANXI

中国劳动社会保障出版社出版发行

（北京市惠新东街 1 号　邮政编码：100029）

*

河北鹏盛贤印刷有限公司印刷装订　新华书店经销

787 毫米 ×1092 毫米　16 开本　6 印张　117 千字

2025 年 8 月第 1 版　2025 年 12 月第 2 次印刷

定价：15.00 元

营销中心电话：400-606-6496

出版社网址：https://www.class.com.cn

https://jg.class.com.cn

目　录

第一章　运动和力

本章主要学习了直线运动，圆周运动，重力、弹力、摩擦力，力的合成与分解，牛顿运动定律以及万有引力等知识内容。重点需要掌握直线运动和圆周运动的基本概念和计算公式，特别是匀变速直线运动的运动规律；掌握重力、弹力、摩擦力的概念及特点，特别是摩擦力的大小和方向；掌握力的合成与分解的平行四边形定则；掌握牛顿运动定律的特点及应用，特别是牛顿第二定律的理解与应用；掌握万有引力定律。

知识脉络图

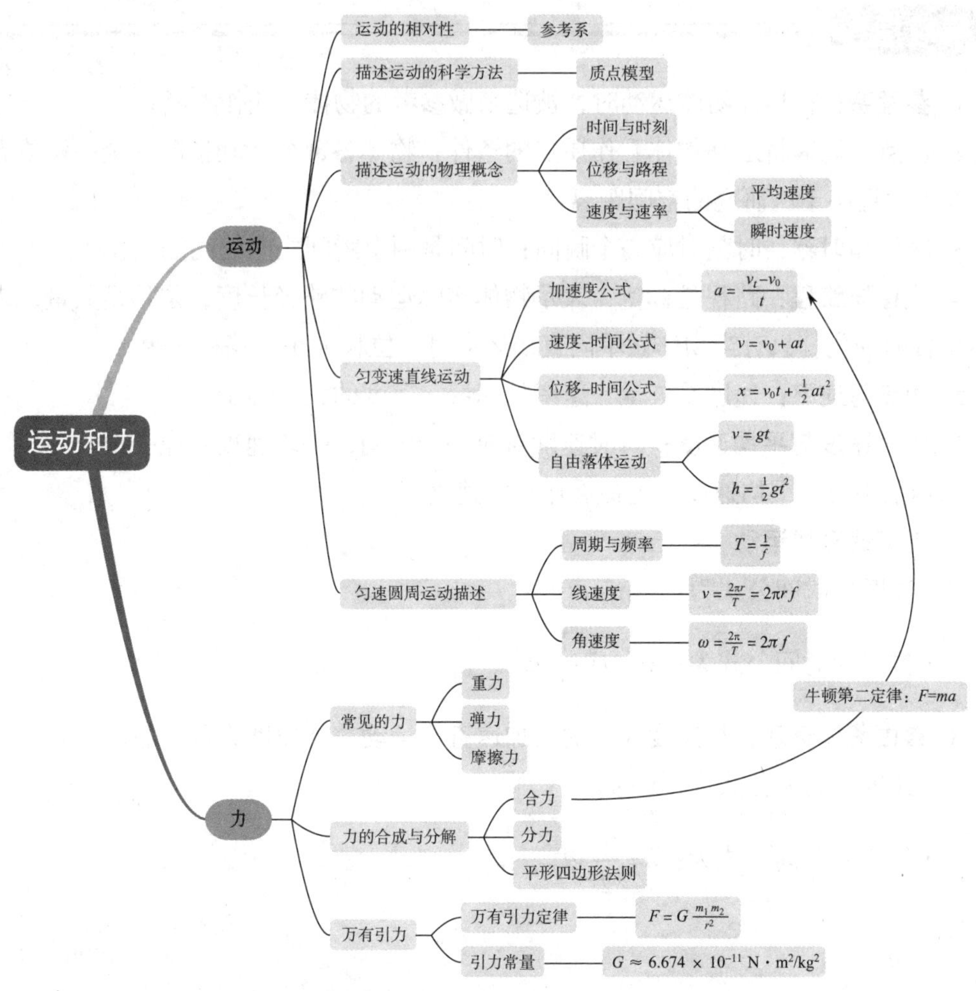

第一节　直线运动

学习目标

理解参考系、质点的概念；掌握时间、时刻、位移、路程、速度、加速度等物理量的基本概念；重点掌握匀变速直线运动中速度–时间关系、位移–时间关系；掌握自由落体运动的概念及运动特点。

学习指导

1. **参考系：**在描述物体运动时，被选来做参考的物体，叫作参考系。

2. **质点：**能够将运动物体看作质点的条件：物体各部分运动情况完全一样或者物体自身尺寸远小于所研究的空间距离。

3. **时间和时刻：**时刻对应一个瞬间；时间是两个瞬间之间的间隔。

4. **位移与路程：**路程是标量，表示物体实际运动的路径长度；位移是矢量，表示物体位置的变化。只有当物体做单向直线运动时，位移大小与路程相等。

5. **速度与速率：**速度是矢量，速率是标量，速度的大小等于速率。

6. **瞬时速度与平均速度：**瞬时速度对应一个瞬间，平均速度对应一个时间段。当时间间隔很小时，平均速度可近似看作瞬时速度。

7. **匀变速直线运动：**

· 速度–时间公式为：$v_t=v_0+at$；

· 位移–时间公式为：$x=v_0t+\frac{1}{2}at^2$。

8. **自由落体运动：**初速度为零的匀加速直线运动，加速度为重力加速度 g。

· 速度–时间公式为：$v=gt$；

· 位移–时间公式为：$h=\frac{1}{2}gt^2$。

巩固练习

一、判断题

1. 高速公路上限速标识上的速度指的是瞬时速度。(　　)

2. 在 110 m 跨栏竞赛项目时，我们可以将运动员视为一个质点。(　　)

3. 加速度是衡量物体运动速率变化的物理量。(　　)

4. 匀变速直线运动中的“匀”指的是加速度的大小和方向保持恒定。(　　)

5. 自由落体运动是一种初速度为零，且加速度等于重力加速度的匀加速直线运动。(　　)

二、填空题

1. 在无风的情况下，坐在飞行的飞机里的乘客，以机舱为参考系，认为飞机是________的，舱外的空气是________的；站在地面上的观察者，以地面为参考系，因为无风，他认为飞机是________的，而舱外的空气是__________（填“静止”或“运动”）。

2. 如图 1–1 所示，在距离地面 1.8 m 高的位置竖直向上抛出一个网球，观测到网球上升 3.2 m 后回落，最终落回地面。规定竖直向上为正方向。以抛出点为坐标原点建立一维坐标系，从抛出点到最高点，网球的位移是________m；从抛出到落地，网球的位移是________m，网球的路程是________m。

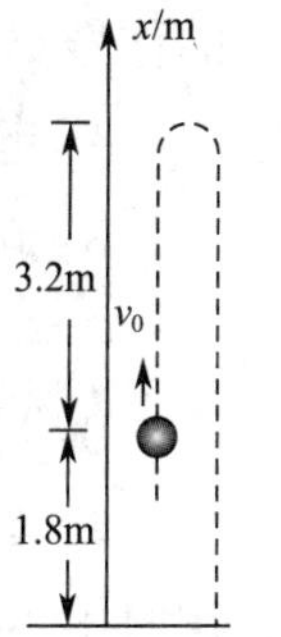

图 1–1

3. 北京时间 10 月 30 日 4 时 27 分，随着一声“点火”的口令，搭载神舟十九号载人飞船的长征二号 F 遥十九运载火箭在甘肃酒泉卫星发射中心点火发射，约 10 min 后，神舟十九号载人飞船与火箭成功分离，进入预定轨道，航天员乘组状态良好，发射取得圆满成功。上述报道中，指时刻的是________，指时间的是________。

4. 对于下列物理量：“5 s 末”“4 s 初”“9：45”“第 7 s 内”“一节课 45 min”，属于时刻概念的有______________________。对于下列 5 个物理量：“位移”“路程”“时间”“速度”“加速度”，属于矢量的有______________________。

5. 一子弹用 0.02 s 的时间穿过一木板，穿入时速度为 800 m/s，穿出时速度为 300 m/s，则子弹穿过木板的加速度为________m/s^2（假设子弹在木板内做匀变速直线运动）。

三、选择题

1. 下列说法正确的是（　　）。

A. 研究排球运动员扣球动作时，排球可以看成质点

B. 研究乒乓球运动员的发球技术时，乒乓球不能看成质点

C. 研究羽毛球运动员回击羽毛球动作时，羽毛球大小可以忽略

D. 研究体操运动员做平衡木动作时，运动员身体各部分的速度可视为相同

2. 如图所示的四个图像中，描述物体做匀加速直线运动的是（　　）。

A.

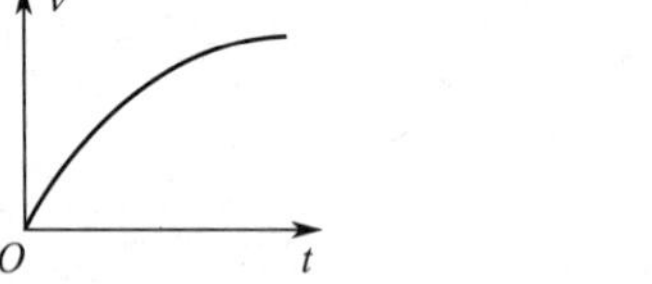

B.

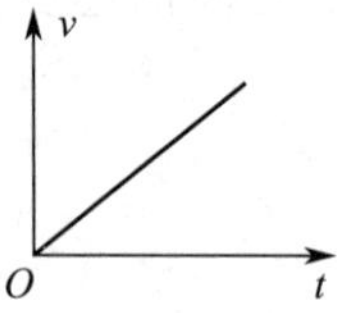

C.

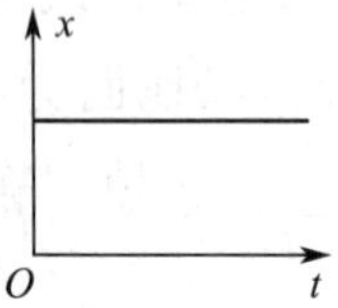

D.

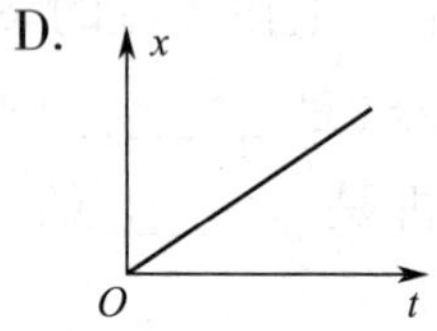

3. 在男子百米赛事中，苏炳添跑出了 9 秒 83 的优异成绩，荣膺“亚洲最快跑者”的称号。关于他在百米赛跑中的速度和加速度，以下判断正确的是（　　）。

A. 起跑时，速度为 0，加速度为 0

B. 起跑时，速度不为 0，加速度为 0

C. 冲刺时，速度为最大，加速度约为 0

D. 冲刺时，速度为最大，加速度一定为最大

4. 某高铁上午 10 点 25 分从 A 站发车，12 点 24 分到 B 站，全线里程 300 km，用时 1 小时 59 分钟。下列说法正确的是（　　）。

A. 10 点 25 分是指时间间隔

B. 1 小时 59 分钟是指时刻

C. 列车的平均速度约为 20 m/s

D. 研究该列车全程的轨迹时可以把列车看成质点

四、计算题

1. 一摩托车由静止开始在平直的公路上行驶，其运动过程的 v-t 图像如图 1–2 所示，求：

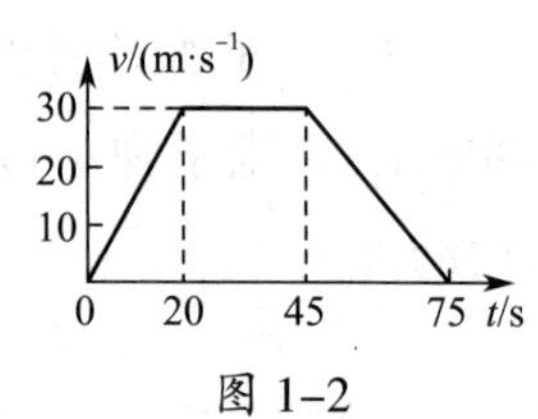

图 1–2

（1）摩托车在 0 ~ 20 s 这段时间的加速度 a 的大小；

（2）摩托车在 0 ~ 75 s 这段时间的平均速度 $\bar{v}$ 的大小。

2. 一火车以 4 m/s 的初速度，2 m/s^2 的加速度做匀加速直线运动，求：

（1）火车在第 4 s 末的速度大小；

（2）前 6 s 内的位移大小；

（3）当速度达到 10 m/s 时火车的位移大小。

3. 汽车从静止开始以 1 m/s^2 的加速度做匀加速直线运动，加速 20 s 后做匀速直线运动，求：

（1）汽车在第 5 s 末的速度大小?

（2）汽车在前 5 s 内通过的位移大小?

（3）汽车在前 40 s 内的平均速度大小?

4. 一个苹果从苹果树顶端自由落下，测得该苹果在下落的最后 0.5 s 的时间内下落的高度是 h=3.75 m。不计空气阻力，重力加速度 g 取 10 m/s^2。求苹果下落的时间及这棵苹果树的高度。

第二节　圆周运动

学习目标

理解圆周运动的概念及特点，重点掌握线速度、角速度、周期、频率的物理意义及计算方法。

学习指导

1. **线速度**：表示物体沿圆周运动快慢的物理量；公式：$v=\frac{S}{t}=\frac{2\pi r}{T}=\omega r$，单位：m/s。

2. **角速度**：表示物体转动快慢的物理量；公式：$\omega=\frac{2\pi}{T}$，单位：rad/s。

3. **转速**：符号 n，用于表示物体做圆周运动的快慢，单位为 r/min，n 与 ω 之间的关系为 $\omega=\frac{2\pi n}{60}=\frac{\pi n}{30}$或者 $n=\frac{30\omega}{\pi}$。

4. **周期**：表示物体运动一周所需的时间；周期 T 和转速 n 的关系：$T=\frac{60}{n}$，单位：s。

巩固练习

一、判断题

1. 匀速圆周运动是一种匀速运动。(　　)
2. 在匀速圆周运动中，物体的速度大小保持恒定。(　　)
3. 在匀速圆周运动中，周期 T 和频率 f 的关系为：$T=\frac{1}{f}$。(　　)
4. 在匀速圆周运动中，线速度是衡量物体运动快慢的量度。(　　)

5. 在匀速圆周运动中，角速度描述了物体速度方向变化的快慢。(　　)

二、填空题

1. 在匀速圆周运动中，线速度 v 与角速度 ω 以及半径 r 之间的关系为________。周期 T 与转速 n 之间的关系为________。

2. 做匀速圆周运动的物体，其线速度大小为 3 m/s，角速度为 6 rad/s，则在 0.1 s 内物体通过的弧长为________m，转过的角度为________rad。

3. 某游乐园中的摩天轮的直径为 100 m，座舱内的游客 1 h 可转 2.4 圈。由此可知，游客（看成质点）转动的周期为________s，线速度 v=________m/s。

4. 匀速圆周运动的特点是：线速度________，角速度________，加速度________，周期________（填“变化”或“不变化”）。

三、选择题

1. “指尖转球”是花式篮球表演中常见的技巧。如图 1–3 所示，当篮球在指尖上绕轴转动时，可近似看成匀速圆周运动，球面上 P、Q 两点的（　　）。

A. 周期大小相等

B. 线速度大小相等

C. 半径相等

D. 角速度不相等

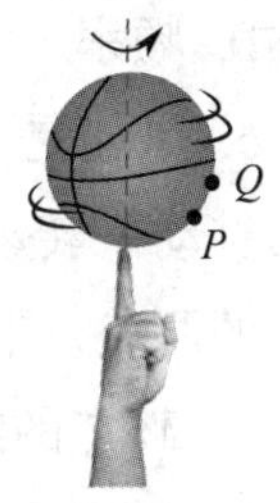

图 1–3

2. 大连和广州的两人坐在凳子上随地球自转做匀速圆周运动，关于他们具有的线速度和角速度相比较，下列说法正确的是（　　）。

A. 在广州的人线速度大，在大连的人角速度大

B. 在大连的人线速度大，在广州的人角速度大

C. 两人的线速度和角速度一样大

D. 两人的角速度一样大，在广州的人线速度比在大连的人线速度大

3. 如图 1–4 所示，当风扇匀速转动时，到转轴距离相同的 a、b 两点（　　）。

A. 线速度相同

B. 转动周期相同

C. 角速度不相同

D. 以上都不对

图 1–4

4. 如图 1–5 所示，小强正在荡秋千。关于同一绳上 a、b 两点的线速度 v 和角速度 ω，下列关系正确的是（　　）。

A. $\omega_a=\omega_b$，$v_a=v_b$

B. $\omega_a=\omega_b$，$v_a<v_b$

C. $\omega_a>\omega_b$，$v_a>v_b$

D. $\omega_a<\omega_b$，$v_a>v_b$

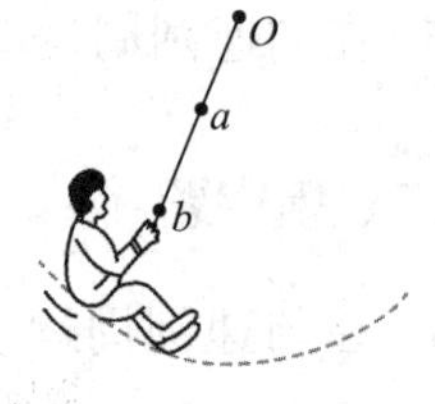

图 1–5

5. 天宫二号空间实验室在轨飞行时（图 1–6），可以认为它绕地球做匀速圆周运动。在天宫二号运动过程中，下列物理量发生变化的是（　　）。

A. 线速度

B. 角速度

C. 周期

D. 频率

图 1–6

6. 风能是一种绿色能源。如图 1–7 所示，叶片在风力推动下转动，带动发电机发电，M、N 为同一个叶片上的两点，下列判断正确的是（　　）。

A. M 点的线速度小于 N 点的线速度

B. M 点的角速度小于 N 点的角速度

C. M 点的转速大于 N 点的转速

D. M 点的周期大于 N 点的周期

图 1–7

四、计算题

1. 一物体在水平面内沿半径 R=20 cm 的圆形轨道做匀速圆周运动，线速度 v=0.2 m/s，求：它的角速度、频率、周期及转速。

2. 做匀速圆周运动的物体 10 s 内沿半径为 20 m 的圆周运动了 100 m，则：

（1）物体做圆周运动的线速度、角速度、周期是多少？

（2）10 s 内转过的圆心角是多少？

第三节　重力　弹力　摩擦力

学习目标

掌握重力、弹力、摩擦力的概念及计算方法，重点掌握摩擦力大小的计算及摩擦力方向的判断，能够利用胡克定律计算弹力。

学习指导

1. **重力**：大小为 $G=mg$，其中 $g=9.8\ \mathrm{m/s^2}$，方向竖直向下。

2. **弹力**：主要有压力、支持力及拉力三种形式，其中压力和支持力的方向分别指向被压或被支持的物体，拉力的方向是沿着绳子指向绳子收缩的方向，弹簧的弹力大小为 $F=k\Delta x$，其中 k 为劲度系数，Δx 为弹簧形变的大小。

3. **摩擦力**：主要有静摩擦力和滑动摩擦力两种形式，其中静摩擦力的大小随外力的变化而变化，方向与相对运动趋势的方向相反；滑动摩擦力的大小为 $f=\mu F_N$，方向与相对运动的方向相反，其中 μ 是摩擦因数，F_N 为正压力。

巩固练习

一、判断题

1. 所有物体的重心都位于其几何中心。(　　)
2. 两个相互接触的物体间一定有弹力。(　　)
3. 静止的物体一定不会受到摩擦力的作用。(　　)
4. 摩擦力的方向总是和物体运动的方向相反。(　　)
5. 弹力的方向总是和物体形变的方向相反。(　　)

二、填空题

1. 重力是由于________的吸引而使物体受到的力，重力的施力物体是________，重力大小的计算公式________，重力的方向是________。

2. 弹力指的是发生____________的物体，由于要____________，而对引起形变的物体施加的力。

3. “毛笔书法”是我国特有的传统文化艺术。书写“杜”字的最后一笔时（图 1–8），笔尖受到向________的滑动摩擦力。

图 1–8

4. 放在桌上的书本，受到支持力的作用，这个力的受力物体是________，施力物体是________。处于高处的乒乓球掉到桌子上，马上会弹起来，使乒乓球弹起来的力________（填“属于”或“不属于”）弹力；它是由于________（填“乒乓球”或“桌子”）发生了弹性形变。

5. 如图 1–9 所示，用大小为 80 N 的握力握住一个重力为 15 N 的瓶子，瓶子始终处于竖直的静止状态，手掌与瓶子间的动摩擦因数为 0.3，则瓶子受到的摩擦力大小为______N，当握力增大时，瓶子受到的摩擦力将________（填“增加”“不变”或“减小”）。

图 1–9

6. 地铁已成为城市中主要的绿色出行方式，图 1–10 所示为地铁站安检时传送带运行的示意图。小明把一行李箱轻放在水平传送带上。忽略空气阻力，在行李箱轻放的瞬间，行李箱________（填“受到”或“不受”）摩擦力的作用，摩擦力的方向是________。

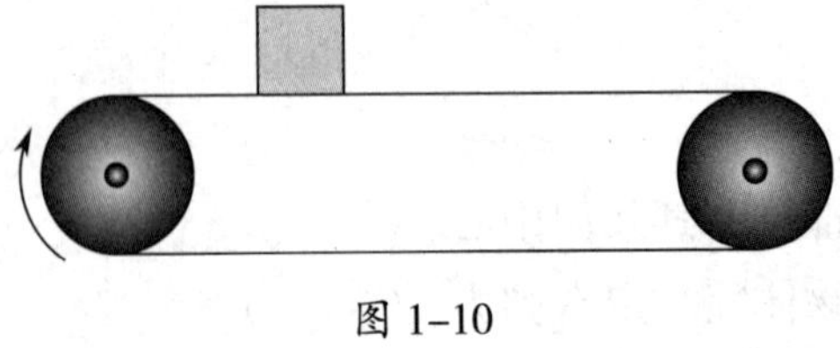
图 1–10

三、选择题

1. 下列说法正确的是（　　）。

A. 任何形状规则的物体，它的重心均与其几何中心重合

B. 质量大的物体所受重力大，做自由落体运动时物体的重力加速度也大

C. 滑动摩擦力总是与物体的运动方向相反

D. 两个接触面之间有摩擦力则一定有弹力，且摩擦力方向一定与弹力方向垂直

2. 利用砚台将墨条研磨成墨汁时讲究“圆、缓、匀”，如图 1–11 所示，在研磨过程中，砚台始终静止在水平桌面上。当墨条的速度方向水平向左时，下列说法正确的是（　　）。

图 1–11

A. 砚台对墨条的摩擦力方向水平向左

B. 桌面对砚台的摩擦力方向水平向右

C. 墨条受到向上的弹力，是由于墨条发生了形变

D. 桌面对砚台的支持力与墨条对砚台的压力大小相等

3. 随着科技的发展，越来越多的机器人被投入到生产中，如图 1–12 所示，一机械臂铁夹竖直夹起一个金属小球，小球在空中处于静止状态，铁夹与球接触面保持竖直，则（　　）。

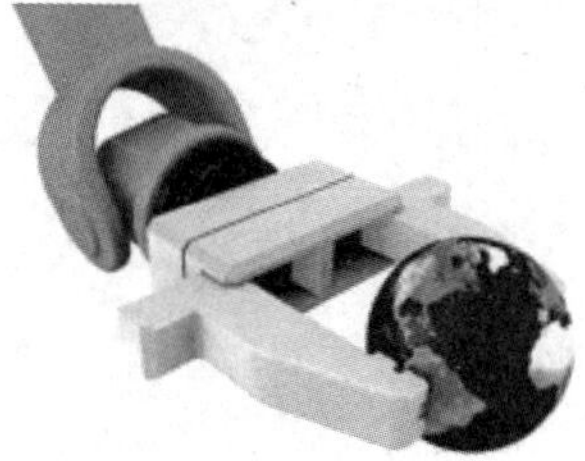

图 1–12

A. 若增大铁夹对小球的压力，小球受到的摩擦力会变大

B. 小球受到的摩擦力方向竖直向上

C. 小球受到的摩擦力与重力大小无关

D. 在保证小球静止的情况下，若减小铁夹对小球的压力，小球受到的摩擦力变小

四、计算题

1. 原长为 8 cm 的弹簧，当对其施加 10 N 的拉力时，长度变为 10 cm，则：

（1）弹簧的劲度系数是多少？

（2）在弹性限度内，当弹簧拉长到 12 cm 时，拉力为多少？

2. 如图 1–13 所示，用 F=20 N 的水平推力，使重力 G=50 N 的物块靠在竖直墙面上静止。求墙面对物块的摩擦力大小及方向。

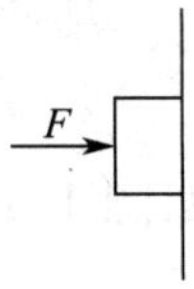

图 1–13

3. 水平地面上有一木箱，质量为 20 kg，木箱和地面的动摩擦因数 μ=0.2，甲某用 60 N 的力推着木箱在地面上滑动，g 取 10 m/s^2，求木箱受到的摩擦力大小。

第四节　力的合成与分解

学习目标

理解合力、分力、力的合成与分解的基本概念，能够利用平行四边形定则对力进行合成与分解。

学习指导

1. **合力与分力**：几个力的作用效果与它们的合力的作用效果相同。

2. **力的合成和力的分解**：由几个力求合力的过程叫作力的合成，由一个力求几个分力的过程叫作力的分解。

3. **平行四边形定则**：力的合成和力的分解遵循平行四边形定则：以两个分力为邻边作平行四边形，其对角线即为合力；反之，以合力为对角线作平行四边形，其邻边即为分力。

4. **斜面上物体所受重力的分力**：沿倾角为 θ 的斜面下滑的质量为 m 的物体，其重力沿斜面的分力是 $mg\sin\theta$，垂直斜面的分力是 $mg\cos\theta$。

5. **合力的大小范围**：两个分力分别为 F_1、F_2，其合力 F 的大小范围为：$|F_1-F_2|\leqslant F\leqslant|F_1+F_2|$。

巩固练习

一、判断题

1. 两个力的合力一定大于其中任何一个分力。(　　)
2. 力的合成与分解都遵循平行四边形定则。(　　)
3. 当两个力同向时，合力最大；当两个力反向时，合力最小。(　　)
4. 将一个力分解为两个分力时，分力的大小和方向是唯一的。(　　)

5. 将一个力分解为两个分力时，分力的大小一定小于原力的大小。（　　）

二、填空题

1. 如果一个力的作用效果和另外几个力共同作用的效果相同，那么这个力就叫作那几个力的________，那几个力叫作这个力的________。由几个力求合力的过程叫作________，力的合成遵循________定则。

2. 物体受到同一直线上两个力的作用，它们的合力方向向东，大小为 40 N，已知其中一个力的大小为 60 N，方向向西，则另一个力的大小是________N，方向________。

3. 质量为 1 kg 的物体静止在倾角 θ=37° 的斜面上，则物体的重力沿平行于斜面的分力为________N，垂直于斜面的分力为________N（g=10 m/s^2，sin37°=0.6，cos37°=0.8）。

三、选择题

1. 作用在同一物体上的三个力，大小分别为 6 N、8 N 和 10 N，其合力大小不可能是（　　）N。

A. 0　　B. 10

C. 20　　D. 30

2. 如图 1–14 所示，吊环运动员在比赛中静止悬挂，两等长吊绳与竖直方向夹角都为 θ，则每根吊绳的张力大小为（　　）（运动员质量为 m，重力加速度为 g）。

图 1–14

A. mg　　B. $\dfrac{mg}{2\sin\theta}$

C. $\dfrac{mg}{2\cos\theta}$　　D. $\dfrac{mg}{\tan\theta}$

3. 作用在物体上的一个力 F 分解为两个力 F_1 和 F_2，下列说法错误的是（　　）。

A. F 是物体实际受到的力

B. 物体同时受到 F_1、F_2 和 F 三个力的作用

C. F_1、F_2 的共同作用效果与 F 相同

D. F_1、F_2 和 F 满足平行四边形定则

4. 小芳同学想要悬挂一个镜框，以下四种方法中每根绳子所受拉力最小的是（　　）。

A. 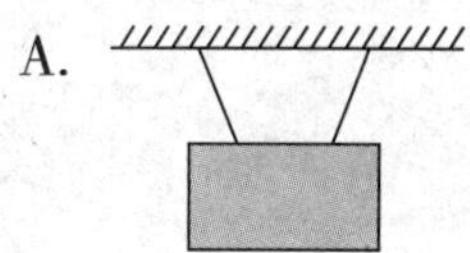

B. 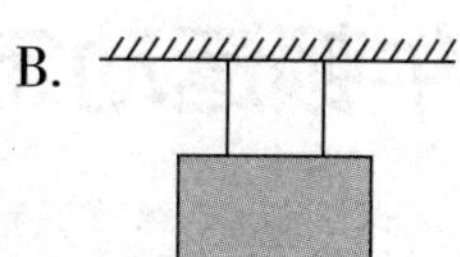

C. 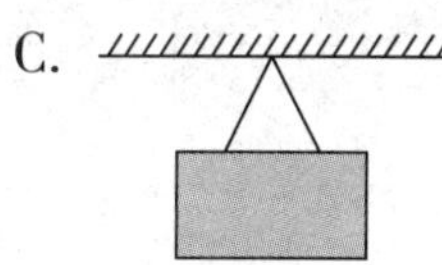

D. 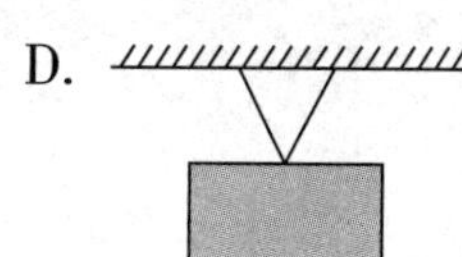

5. 如图 1–15 所示，甲、乙两位同学分别用力 F_1、F_2 共同提着一桶水，水桶静止。丙同学单独向上用力 F 也能提着这桶水，让水桶保持静止，则 F_1 和 F_2 的合力（　　）。

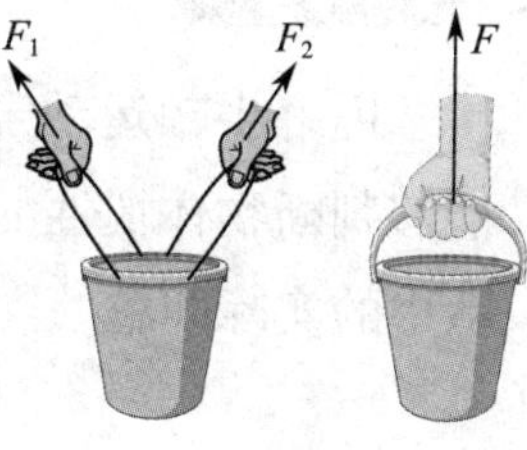

图 1–15

A. 大于 F　　B. 小于 F

C. 等于 F　　D. 方向向下

6. 一个重为 20 N 的物体置于光滑的水平面上，当用一个 F=5 N 的力竖直向上拉该物体时，如图 1–16 所示，物体受到的合力为（　　）N。

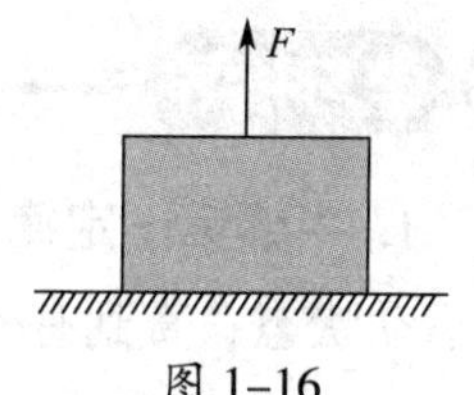

图 1–16

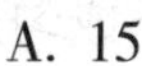

A. 15　　B. 25

C. 20　　D. 0

四、计算题

1. 重量为 G 的物体放在水平地面上，对它施加一个与水平方向成 θ 角的斜向上的拉力 F，如图 1–17 所示。若物体恰能沿地面匀速滑动，求：

（1）物体在运动中所受摩擦力大小；

（2）物体与地面之间的动摩擦因数。

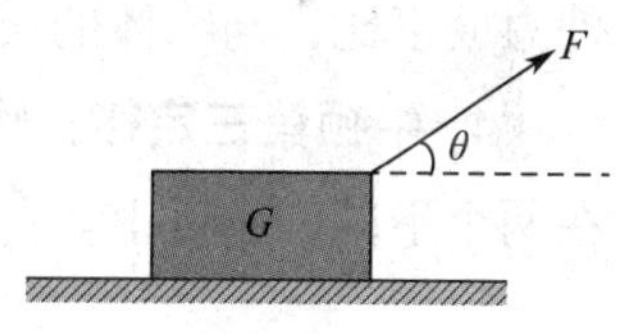

图 1–17

2. 如图 1–18 所示，某工人正在修理草坪，推力 F 与水平方向成 α 角，割草机沿水平方向做匀速直线运动，求：

（1）推力 F 在水平方向的分力大小；

（2）割草机受到地面的滑动摩擦力大小。

图 1–18

第五节　牛顿运动定律

学习目标

理解牛顿运动定律的基本内容及在生活中的实际应用；掌握牛顿第一定律，能够判断物体惯性的大小；重点掌握牛顿第二定律，能运用牛顿第二定律分析生活中的实际问题。

学习指导

1. **牛顿第一定律（惯性定律）**：物体在不受外力作用时，总是保持静止或匀速直线运动状态，直到有外力改变这种状态为止。

2. **惯性**：惯性大小由物体质量唯一决定，与物体的速度、体积等其他因素无关。

3. **牛顿第二定律**：物体的加速度由物体所受合外力及物体的质量决定，大小与合外力成正比，与物体的质量成反比。公式：$F_{合}=ma$。

4. **牛顿第三定律**：物体的作用力和反作用力总是大小相等、方向相反，分别作用在两个不同的物体上。

巩固练习

一、判断题

1. 牛顿第一定律表明，物体在没有外力作用下将保持静止或匀速直线运动。（　　）

2. 牛顿第二定律表明，物体的加速度与作用在物体上的合外力成正比，与物体的质量成反比。（　　）

3. 牛顿第三定律表明，作用力和反作用力大小相等、方向相反，作用在同一个物体上。（　　）

4. 物体的质量越大，其惯性越大。（　　）

5. 在没有外力作用时，物体的运动状态不会改变。(　　)

二、填空题

1. 牛顿第________定律（填“一”“二”或“三”）揭示了惯性这一物体属性，物体的惯性大小仅和物体的________有关。

2. 牛顿第一定律指出：一切物体总保持________或__________状态，直到________迫使它改变这种状态为止，即一切物体都具有保持原来运动状态的性质，这种性质叫________。

3. 英国物理学家________总结了伽利略等人的研究成果，概括出一条重要的物理规律：一切物体在没有受到力的作用时，总保持静止或__________运动状态。该定律已成为公认的物理学基本定律之一。

4. 牛顿第二定律的内容：物体加速度的大小与它受到的合外力成________，与它的质量成________（填“正比”或“反比”）。加速度的方向与合外力的方向________。

5. 一个物体受到大小为 4 N 的力，产生大小为 2 m/s^2 的加速度，要使它产生大小为 6 m/s^2 的加速度，需要施加力的大小为________N。

6. 质量为 2 kg 的物体，运动的加速度为 1 m/s^2，则所受合外力为________N。若物体所受合外力大小增至 8 N，那么物体的加速度大小为________m/s^2。

三、选择题

1. 张师傅用 40 N 的水平力推动 30 kg 的小车，获得 0.5 m/s^2 的加速度（图 1–19），则水平地面对车的摩擦力为(　　) N。

A. 15　　B. 20

C. 25　　D. 30

图 1–19

2. 春秋时期齐国人的著作《考工记·辀人篇》中有“马力既竭，辀犹能一取”的记载，意思是马拉车的时候，马虽然对车不再施力，但车还能继续向前运动一段距离（图 1–20）。关于这一现象下列说法不正确的是（　　）。

A. 这个现象符合牛顿第一定律

B.“马力既竭，辀犹能一取”的原因是车具有惯性

C. 马对车不再施力了，车最终会停下来，说明物体的运动需要力来维持

D. 马对车不再施力了，车最终会停下来，是因为受到

图 1–20

阻力的作用

3. 我国新能源汽车行业正在加速发展，其中纯电动公交车的发展非常迅速，为百姓的出行带来便利与舒适。纯电动公交车如图 1–21 所示，关于这种公交车，下列说法正确的是（　　）。

图 1–21

A. 该公交车的速度越大，其惯性越大

B. 该公交车上的乘客越多，整个公交车（包括乘客）的惯性越大

C. 该公交车行驶时的牵引力越大，其惯性越大

D. 当该公交车制动时，由于惯性，在车内原地向上起跳的乘客仍将落回起跳点

四、计算题

1. 如图 1–22 所示，质量 m=10 kg 的物体在水平面上向左运动，物体与水平面间的动摩擦因数为 0.2，与此同时物体受到一个水平向右的推力 F=20 N 的作用，求物体产生的加速度大小及方向（g 取 10 m/s^2）。

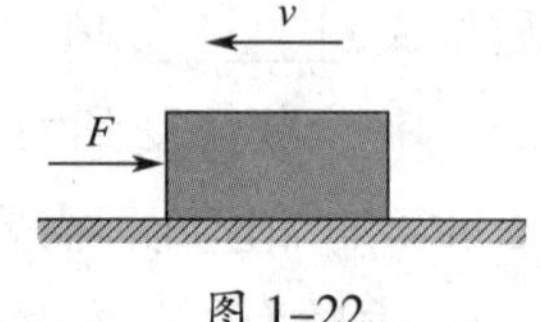

图 1–22

2. 静止在空中的无人机突然沿水平方向向右匀加速飞行，刚开始的第 1 s 内飞行了 5 m。已知无人机的质量为 4 kg，重力加速度 g 为 10 m/s^2，求：

（1）无人机飞行的加速度大小；

（2）空气对无人机的作用力大小（需同时考虑竖直方向的升力和水平方向的推力）。

3. 一质量为 m 的乘客站在倾角为 θ 的自动扶梯的水平踏板上，随扶梯一起以大小为 a_0 的加速度减速上行，如图 1–23 所示。已知重力加速度为 g。求该过程中：

（1）乘客对踏板的压力大小；

（2）人受到的摩擦力大小。

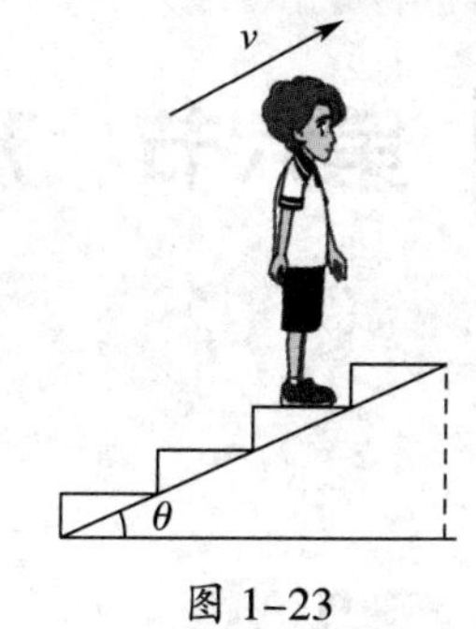

图 1–23

4. 质量为 m 的小滑块由静止开始沿倾角 $\theta=37°$ 的固定斜面下滑（图 1–24）。已知滑块与斜面间的动摩擦因数为 0.5，设斜面足够长。求：

（1）滑块下滑时的加速度大小；

（2）滑块下滑到第 5 s 末的速度大小（$g=10\ \text{m/s}^2$，$\sin 37°=0.6$，$\cos 37°=0.8$）。

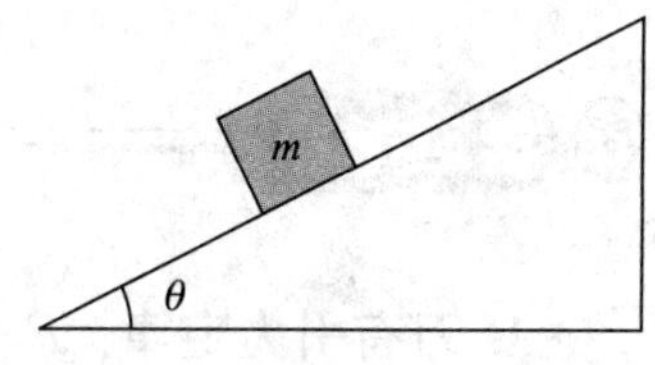

图 1–24

5. 质量为 4.0 kg 的物体，在与水平面成 30° 角斜向上、大小为 20 N 的拉力 F 作用下，由静止沿水平地面运动（图 1–25）。若物体与水平地面间的动摩擦因数为 0.2，求：

（1）物体对地面的摩擦力大小和方向；

（2）物体在 5.0 s 时间内运动的位移（g 取 $10\ \text{m/s}^2$）。

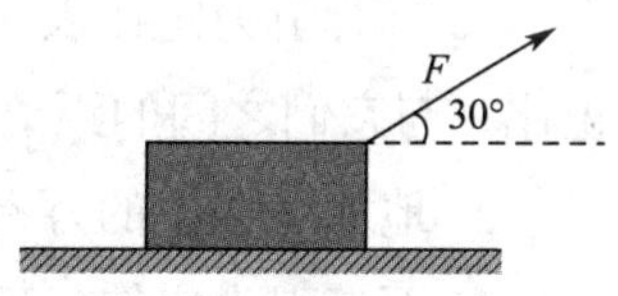

图 1–25

第六节　万有引力

学习目标

本节主要掌握万有引力定律，能够计算行星之间的万有引力大小。

学习指导

1. **万有引力定律**：$F=G\frac{m_1m_2}{r^2}$，其中引力常量 $G=6.67\times10^{-11}\ \text{N}\cdot\text{m}^2/\text{kg}^2$。

2. **万有引力的大小**：万有引力的大小与物体质量成正比，与物体间的距离的平方成反比，适用于宇宙间任意两个物体之间的相互作用。

巩固练习

一、判断题

1. 万有引力定律表明，任何两个物体之间都存在引力，其大小与两物体的质量成正比，与它们之间的距离的平方成反比。(　　)
2. 地球对物体的万有引力只在物体位于地球表面时才存在。(　　)
3. 万有引力定律只适用于天体之间的相互作用。(　　)
4. 万有引力定律表明，两个物体之间的引力随着它们之间距离的增大而减小。(　　)
5. 两个物体之间的万有引力与它们的质量之和成正比。(　　)

二、填空题

1. 在历史上，许多科学家对物理学的发展作出了巨大贡献。其中，________发现了万有引力（填“笛卡尔”或“牛顿”），并把所有物体之间都存在的相互吸引力叫作________，其计算公式为______。

2. 根据万有引力公式 $F=G\frac{m_1m_2}{r^2}$，若两物体间的距离变为原来的 2 倍，它们间的引力将变为原来的________；若每个物体的质量变为原来的 2 倍，引力将变为原来的________倍。

3. 万有引力定律：自然界中任何两个物体都相互吸引，引力的大小与这两个物体的______________成正比，与它们的________________成反比。

4. 肩负我国首次太空行走运载任务的神舟七号飞船，在绕地球五圈后成功地由椭圆轨道变成圆形轨道，并圆满完成了任务。设飞船在圆形轨道上的运动为匀速圆周运动，已知地球的质量为 M，我国神舟七号飞船的质量为 m，引力常量为 G，飞船绕地球做匀速圆周运动的轨道半径为 r，则飞船在圆形轨道上受到的万有引力大小为________。

5. 两个物体的质量分别是 m_1、m_2，当它们相距为 r 时，它们间的引力是 F，若 m_1 增大为 $2m_1$，m_2 增大为 $3m_2$，其他条件不变，则引力为________F。

三、选择题

1. 2020 年 11 月 24 日，我国成功发射嫦娥五号探测器，开启我国首次“月球挖土”之旅。在嫦娥五号飞向月球的过程中，月球对它的万有引力大小（　　）。

A. 一直增大　　　　B. 一直减小

C. 先增大后减小　　　　D. 先减小后增大

2. 关于万有引力理论的成就，下列①②③中说法正确的是（　　）。

①“称量”地球的质量；②月球的发现；③预言哈雷彗星回归

A. ①③　　　　B. ①②

C. ②③　　　　D. ①②③

3. 关于万有引力定律，下列说法正确的是（　　）。

A. 只适用于天体之间引力的计算

B. 只适用于地球上物体之间引力的计算

C. 卡文迪许发现了万有引力定律

D. 自然界中任何两个物体之间都存在万有引力

4. 甲、乙两个质点间的万有引力大小为 F，若甲、乙两物体的质量均增加到原来的 2 倍，同时它们之间的距离亦增加到原来的 2 倍，则甲、乙两物体间的万有引力大小将为（　　）。

A. $8F$　　　　B. $4F$

C. F　　　　D. $\frac{F}{2}$

四、计算题

1. 已知地球的质量为 6.0×10^{24} kg，太阳的质量为 2.0×10^{30} kg，它们之间的距离为 1.5×10^{11} m。试计算地球和太阳之间的万有引力大小（$G=6.67\times10^{-11}\ \text{N}\cdot\text{m}^2/\text{kg}^2$）。

2. 一个质子由两个 u 夸克和一个 d 夸克组成。每个夸克的质量是 7.1×10^{-30} kg，求两个夸克相距 1.0×10^{-16} m 时的万有引力。

3. 已知太阳的质量为 M，地球的质量为 m_1，月球的质量为 m_2，设月球到太阳的距离为 a，地球到月球的距离为 b，则当日全食发生时（太阳、地球、月球在同一直线上，月球位于太阳与地球之间），太阳对地球的引力 F_1 和对月球的引力 F_2 的大小之比为多少？

第二章　功和能

本章主要学习功和功率的概念及其计算公式，学习动能定理、重力势能、弹性势能及机械能守恒定律。重点掌握瞬时功率的计算公式；掌握动能定理、机械能守恒定律及其应用。

知识脉络图

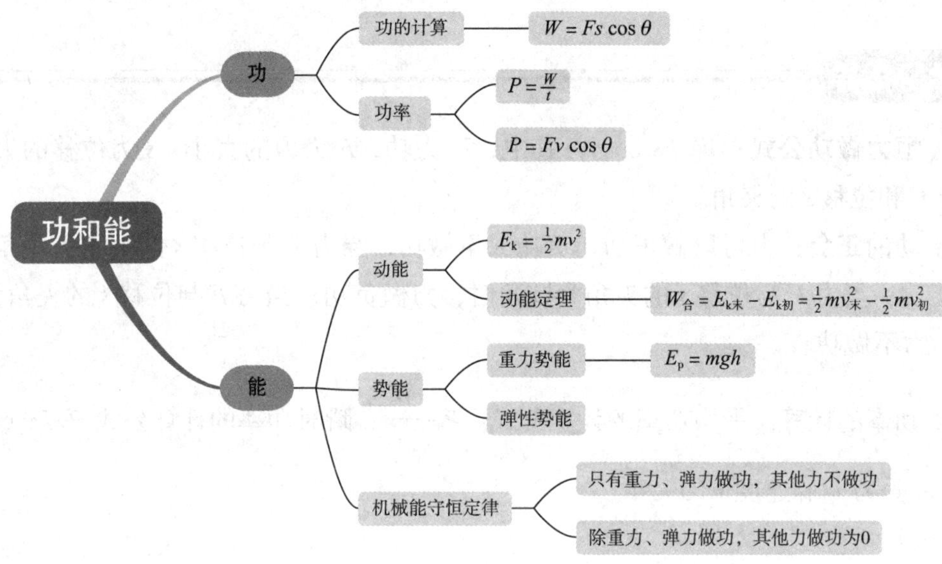

第一节　功和功率

学习目标

掌握功和功率的概念及计算公式，重点掌握平均功率和瞬时功率的区别，理解额定功率的概念。

学习指导

1. **恒力做功公式**：$W=Fs\cos\theta$，其中，W 为功，F 为力的大小，s 为位移的大小，θ 为力 F 和位移 s 的夹角。

2. **功的正负**：力可以做正功、负功或不做功，当力 F 与位移 s 的夹角为锐角时，力做正功；当力 F 与位移 s 的夹角为钝角时，力做负功；当力 F 与位移 s 的夹角为直角时，力不做功。

3. **功率的计算**：平均功率的计算公式：$P=\frac{W}{t}$；瞬时功率的计算公式 $P=Fv\cos\theta$，其中，θ 是力 F 和速度 v 的夹角。

巩固练习

一、判断题

1. 只要力作用在物体上，就一定对物体做了功。(　　)
2. 功是矢量，既有大小，又有方向。(　　)
3. 物体做功越多，功率就越大。(　　)
4. 当力的方向与位移方向垂直时，该力对物体不做功。(　　)
5. 如果一个力对物体做负功，说明该力阻碍了物体的运动。(　　)

二、填空题

1. 做功的两个基本条件是：________________和________________。

2. ________是能量变化的量度，一物体受 F_1 和 F_2 两个力作用，F_1 对物体做功 4 J，物体克服 F_2 做功 3 J，则力 F_1 与 F_2 的合力对物体做功为________J。

3. 某人用 60 N 的水平推力，使重 100 N 的箱子在水平地面上匀速前进了 10 m，所用时间是 20 s。在此过程中，推力所做的功是________J，功率是________W；重力所做的功是________J。

4. 一质量为 1 kg 的物体从距地面足够高处做自由落体运动，重力加速度 g=10 m/s^2，则前 2 s 内重力对物体所做的功为________J，第 2 s 末重力对物体做功的瞬时功率为________W。

5. 如图 2–1 所示，从地面上以速度 v_0 斜向上抛出质量为 m 的物体，抛出后物体落到比地面低 h 的海面上。若以地面为参考平面且不计空气阻力，则物体从抛出到落到海面的过程中，重力对物体所做的功为________。

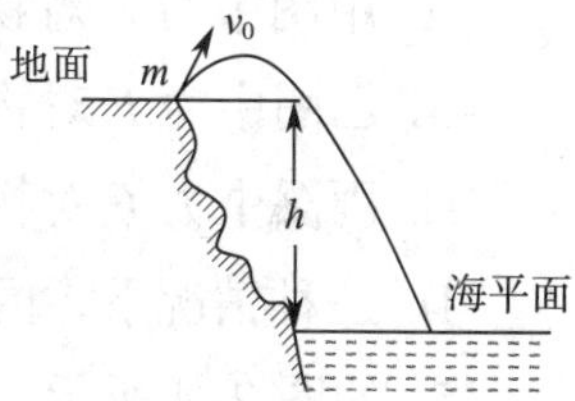

图 2–1

6. 质量为 10 kg 的物体静止在光滑水平面上，在水平向右的恒力 F=3 N 的作用下，沿水平方向移动了 5 m，在这一过程中，力 F 对物体做的功为________J，重力对物体做的功为________J，物体所受合力对物体做的功为________J。

三、选择题

1. 质量为 1 kg 的物体从静止开始到自由下落 5 m 的过程中，不计空气阻力，重力做功的平均功率为（　　）W（g 取 10 m/s^2）。

A. 5　　B. 10

C. 50　　D. 100

2. 梵净山是“贵州第一名山”（图 2–2）。一名游客从山下某处（海拔 1 494 m）出发，经过一段时间到达老金顶（海拔 2 494 m）。已知游客质量为 60 kg，重力加速度 g 取 10 m/s^2，则该过程中，重力做功为（　　）J。

A. 6×10^4　　B. 6×10^5

C. -6×10^4　　D. -6×10^5

图 2–2

3. 冰壶在水平冰面上滑行直至停止的过程中，下列说法正确的是（　　）。

A. 重力做负功　　　　B. 弹力做正功

C. 摩擦力做负功　　　　D. 合力不做功

4. 如图 2–3 所示，三个物体分别在大小相等的力 F 的作用下沿水平方向发生了一段位移 l，已知位移 l 的大小相等，下列说法正确的是（　　）。

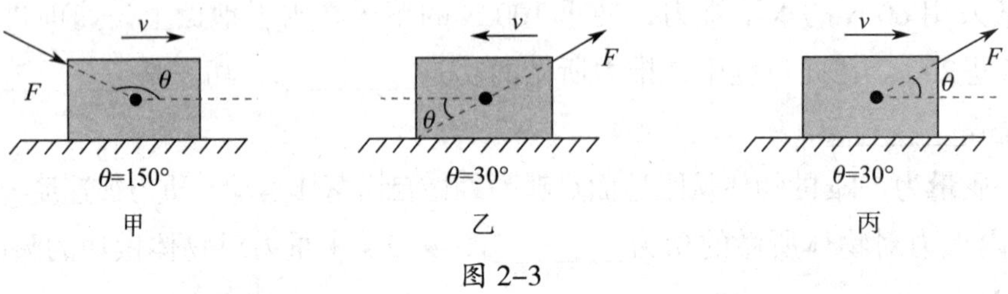

图 2–3

A. 甲图中力 F 对物体做负功

B. 乙图中力 F 对物体做正功

C. 丙图中力 F 对物体做正功

D. 三种情况下，丙图中力 F 对物体做功最多

5. 如图 2–4 所示，小张同学正在颠球。足球离开脚面后先竖直向上运动，再落回原位置，则此过程中（　　）。

A. 重力对足球所做的功为零

B. 空气阻力对足球先做负功再做正功

C. 重力对足球先做正功后做负功

D. 空气阻力对足球一直做正功

图 2–4

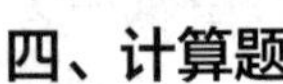
四、计算题

1. 如图 2–5 所示，质量为 m=2 kg 的物体静止在水平地面上，受到水平向右，大小 F=10 N 的拉力作用，物体移动了 x=2 m，物体与地面间的动摩擦因数 μ=0.2，g 取 10 m/s^2。试求：

（1）重力所做的功 W_1；

（2）拉力 F 所做的功 W_2；

（3）合力所做的功 W。

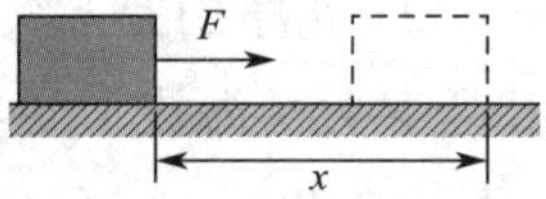

图 2–5

2. 一个质量 m=150 kg 的雪橇，受到与水平方向成 θ=37° 角并斜向左上方 F=500 N 的拉力作用，在水平地面上移动的距离 l=5 m（图 2–6）（sin37°=0.6，cos37°=0.8）。物体与地面间的滑动摩擦力 $F_{阻}$=100 N，求：

（1）力 F 对物体所做的功；

（2）摩擦力对物体所做的功；

（3）合外力对物体所做的功。

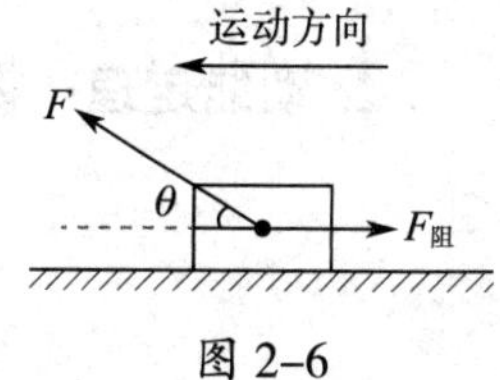

图 2–6

第二节　动能定理

学习目标

理解动能的定义及公式，并理解其物理意义；重点掌握动能定理，能够利用动能定理解决生活中的简单问题。

学习指导

1. **动能公式**：$E_k=\frac{1}{2}mv^2$，其中，E_k 为动能，m 为物体的质量，v 为物体的速度。

2. **动能定理**：物体所受合外力做功等于物体动能的增量，即

$$W_{合外力}=E_{k末}-E_{k初}=\frac{1}{2}mv_{末}^2-\frac{1}{2}mv_{初}^2$$

巩固练习

一、判断题

1. 动能定理表明，物体动能的变化等于作用在物体上的合外力所做的功。(　　)
2. 物体的速度加倍，其动能也加倍。(　　)
3. 物体的动能与物体的速度方向有关。(　　)
4. 物体的动能可以是负值。(　　)
5. 如果物体的动能没有变化，说明作用在物体上的合外力为零。(　　)

二、填空题

1. 物体动能的计算公式：____________；动能定理的公式：____________________。
2. 甲、乙两个质量相同的物体，甲的速度是乙的速度的 2 倍，则甲、乙动能之比

为________。

3. 质量为 400 g 的足球以 2 m/s 的水平速度撞击墙壁，并以 1 m/s 的速度反向弹回，碰撞过程中足球动能的变化量为________J（以初速度方向为正方向）。

4. 机车在水平公路上行驶，在某个过程中，合外力做了 6.0×10^6 J 的功，汽车的动能增加了________J，若在这个过程中，车子的初动能为 4.0×10^6 J，那车子的末动能为________J。

三、选择题

1. 物理学中将物体由于运动具有的能量称为动能，其表达式为 $E_k=\frac{1}{2}mv^2$。下列几种情况下，能使物体的动能变为原来 4 倍的是（　　）。

A. 速度不变，质量增大到原来的 2 倍

B. 速度不变，质量增大到原来的 4 倍

C. 质量不变，速度增大到原来的 4 倍

D. 质量不变，速度增大到原来的 6 倍

2. 做匀速圆周运动的物体，下列说法一定正确的是（　　）。

A. 动能不变　　B. 速度不变

C. 加速度不变　　D. 以上说法都不对

3. 赛道上的赛车做加速运动，速度分别为 v 和 $2v$ 时赛车的动能之比为（　　）。

A. 1∶1　　B. 1∶2

C. 1∶4　　D. 1∶3

4. 如图 2–7 所示，将物体从固定的光滑斜面上静止释放，在下滑的过程中，下列说法正确的是（　　）。

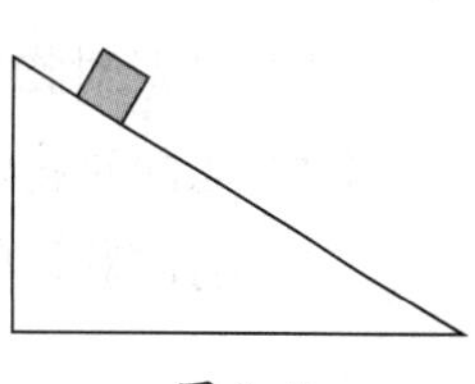

图 2–7

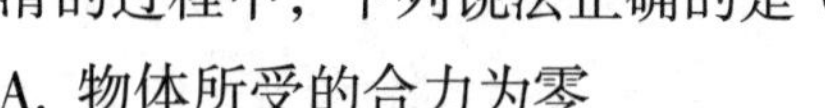

A. 物体所受的合力为零

B. 斜面对物体的支持力对物体做正功

C. 物体的动能不变

D. 物体的动能增加

5. 一物体的速度大小为 v_0 时，其动能为 E_k。当它的动能为 $2E_k$ 时，其速度大小为（　　）。

A. $\frac{v_0}{2}$　　B. $2v_0$

C. $\sqrt{2}v_0$　　D. v_0

四、计算题

1. 当灾害发生时，有时会利用无人机运送救灾物资。如图 2–8 所示，一架无人机正准备向受灾人员空投急救用品。已知急救用品的质量为 m=50 kg，其底面离水平地面高度 h=5 m。无人机以 v_0=2 m/s 的速度水平匀速飞行。若空气阻力忽略不计，g 取 10 m/s^2。求：

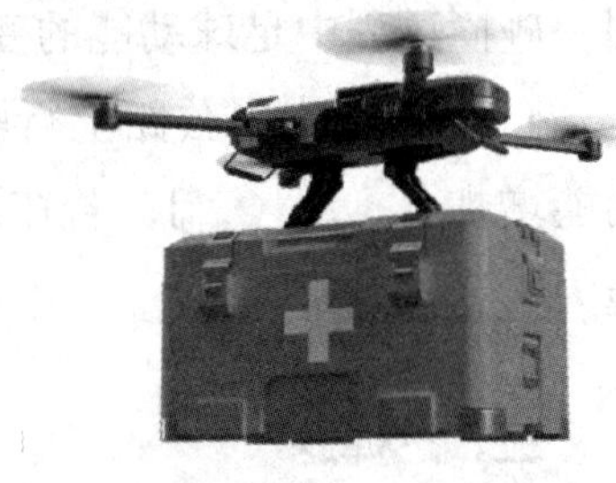

图 2–8

（1）急救用品释放后经多长时间落地？

（2）急救用品落到地面时，动能是多少？

2. 如图 2–9 所示，质量 m=5 kg 的物体在恒力 F=20 N 的作用下，由静止开始沿水平方向运动，位移为 x=5 m。力 F 与水平方向的夹角 α=37°，物体与地面间的动摩擦因数 μ=0.2（取 g=10 m/s^2，sin37°=0.6，cos37°=0.8）。求该过程中：

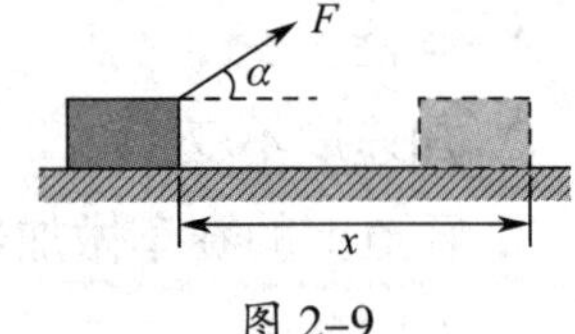

图 2–9

（1）力 F 对物体所做的功；

（2）地面对物体的摩擦力所做的功；

（3）物体获得的动能。

第三节　机械能守恒定律及应用

学习目标

理解重力做功与重力势能之间的关系，重点掌握机械能的概念及机械能守恒定律的应用。

学习指导

1. **重力做功与重力势能：**重力做功等于重力势能的减小量。

2. **重力势能：**重力势能的大小与重力势能零点选取有关，一般选取地面为零势能面。

3. **机械能：**机械能包括重力势能、弹性势能和动能。

4. **机械能守恒定律：**一个物体或系统在运动过程中，只有重力或弹力做功，没有其他形式的力做功或者其他形式的力做功为零，那么该物体或系统的机械能总量保持不变。

巩固练习

一、判断题

1. 机械能守恒定律表明，物体的机械能总是保持不变。(　　)

2. 物体在自由落体过程中，机械能守恒。(　　)

3. 物体从 A 点移动到 B 点，若经过的路径不同，重力做功也不同。(　　)

4. 物体在水平面上做匀速直线运动时，机械能守恒。(　　)

5. 机械能守恒定律表明，系统的动能和势能可以相互转化，但总机械能保持不变。(　　)

二、填空题

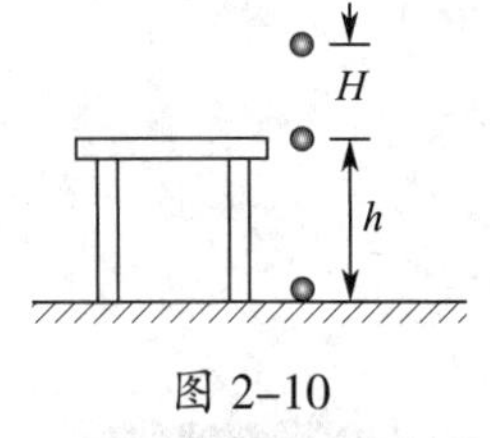

图 2–10

1. 如图 2–10 所示，桌面高为 h，质量为 m 的小球从距桌面高 H 处自由落下，假设释放时的重力势能为 0，重力加速度为 g，不计空气阻力，则小球落到地面前瞬间的重力势能为______，机械能为________。

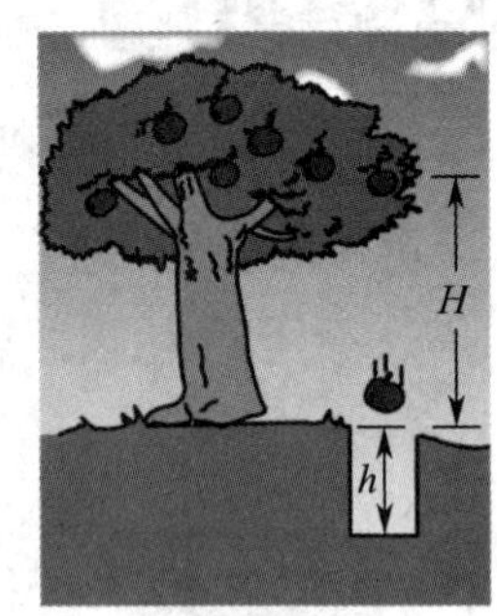

图 2–11

2. 如图 2–11 所示，质量为 m 的苹果从距地面高度为 H 的树上由静止开始下落，树下有一深度为 h 的坑。若以坑底为零势能参考平面，则苹果到地面时的重力势能为________，到坑底时的机械能为__________。

3. 质量为 1 kg 的物体做自由落体运动，下落 2 s 后，重力势能减少________J，在此过程中，物体的机械能________（填“守恒”或者“不守恒”）（g 取 10 m/s^2）。

4. 有一质量为 5 kg 的物体，用 25 N 的力竖直向上拉物体，物体由静止开始匀加速上升，已知 2 s 末时物体速度为 4 m/s，则重力做功________J，机械能变化________J（g 取 10 m/s^2）。

5. 一物体从高 2 m，长 6 m 的光滑斜面的顶端，由静止开始自由滑下，不计空气阻力，物体沿斜面下滑______m 时，它的动能和势能相等，此时物体速度为______m/s（以斜面底端为零势能面）。

6. 人随自动扶梯匀速上行（图 2–12），扶梯对人的作用力为 F，则 F 大小________人的重力（填“大于”“小于”或者“等于”）；自动扶梯对人做功为________（填“正”或者“负”）；若将人与扶梯看作一个系统，其机械能将________（填“增大”“减少”或者“不变”）。

图 2–12

三、选择题

1. 关于物体的机械能是否守恒的叙述，下列说法中正确的是（　　）。

A. 做匀速直线运动的物体，机械能一定守恒

B. 做匀变速直线运动的物体，机械能一定守恒

C. 作用在物体上的力对物体做功为 0 时，机械能一定守恒

D. 只有重力或弹力做功时，物体的机械能一定守恒

2. 某人从离地 350 m 高的桥面一跃而下，实现了自然奇观与极限运动的完美结合（图 2–13）。假设质量为 m 的跳伞运动员由静止开始下落，在打开伞之前受恒定阻力作用，下落的加速度为$\frac{4}{5}g$，在运动员下落 h 高度的过程中，下列说法正确的是（　　）。

图 2–13

A. 物体的重力势能增加了 mgh

B. 物体的动能增加了$\frac{4}{5}mgh$

C. 物体克服阻力所做的功为$\frac{4}{5}mgh$

D. 物体的机械能减少了$\frac{4}{5}mgh$

3. 中国女子跳水项目奥运冠军全红婵从十米跳台起跳到全身入水的过程中，下列说法正确的是（　　）。

A. 她的机械能守恒

B. 手入水后她的动能开始减少

C. 整个过程只有重力做功

D. 下落过程中，重力做的功总等于重力势能的减少量

4. 以初速度 v 从地面竖直向上抛出一个物体，当物体的动能减小到原来的一半时，它离地面的高度是（　　）。

A. $\frac{v^2}{2g}$　　B. $\frac{v^2}{4g}$　　C. $\frac{v^2}{8g}$　　D. $\frac{v^2}{16g}$

四、计算题

1. 一个质量为 m 的物体被竖直上抛，其初始速度为 50 m/s，求物体向上运动多高时它的动能与重力势能相等（取初始位置为零势能面，g=10 m/s^2）。

2. 质量为 m 的物体从高度为 H 的光滑斜面顶端由静止开始下滑（图 2–14），求物体到达斜面底部时的速度大小。

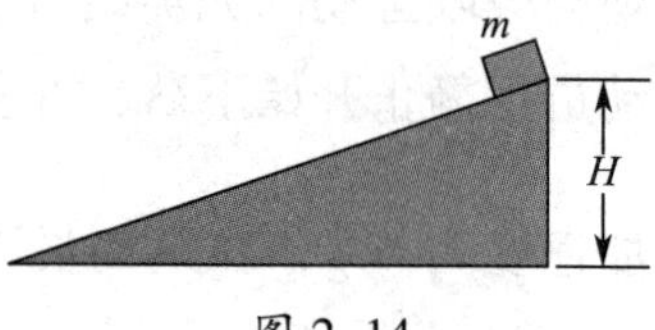

图 2–14

*3. 某城市广场的喷泉竖直向上喷射水柱，经测量发现：当水柱达到最大高度时，顶端距喷口高度 $h \approx 120$ m（相当于 40 层楼高度）；喷管直径 d=10.0 cm。已知水的密度 $\rho=1.0 \times 10^3$ kg/m^3，取重力加速度 g=10 m/s^2，忽略空气阻力。试估算：

（1）水柱喷出时的初速度 v_0；

（2）驱动水流的水泵电机所需的最小输出功率。

第三章　热学知识

本章主要学习分子动理论、物体的内能以及能量守恒定律及其应用。重点掌握分子间的作用力、物体的温度与分子运动的平均速度之间的关系。掌握热力学温标、热力学第一定律以及能量守恒定律。

知识脉络图

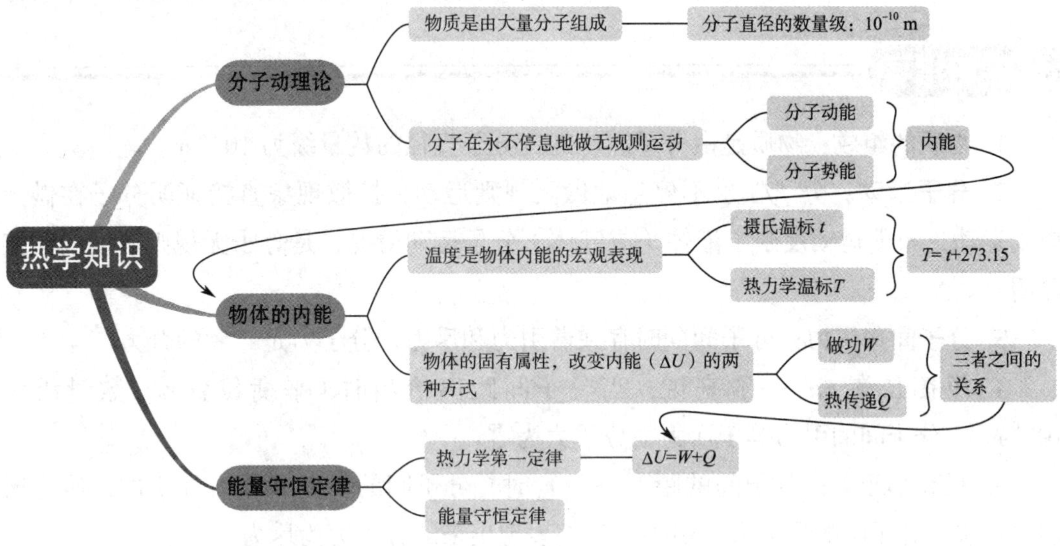

第一节　分子动理论

学习目标

理解分子动理论的基本观点；了解扩散现象，观察并能解释布朗运动；增加对相关物理现象的感性认识。

学习指导

1. **物质的组成**：物质是由分子组成的，分子直径的数量级为 10^{-10} m。

2. **分子运动**：分子在永不停息地做无规则运动，扩散现象直接证明分子在做无规则运动，布朗运动反映了液体（或气体）分子运动情况，是分子无规则运动的间接证明。

3. **分子间作用力**：分子间同时存在着引力和斥力，分子力是二者的合力。

4. **平衡位置 r_0**：一般来说，当分子间距离恰当时（平衡位置 r_0，数量级为 10^{-10} m），分子间的引力等于斥力，分子力为零。

5. **距离小于 r_0**：分子间的距离小于 r_0 时，分子间的引力和斥力都增加，斥力增加得更快，分子间的斥力大于引力，对外表现出来的分子力为斥力。

6. **距离大于 r_0**：分子间的距离大于 r_0 时，分子间的引力和斥力都减小，斥力减小得更快，分子间的斥力小于引力，对外表现出来的分子力为引力。

7. **分子间距离大于 10 倍的分子直径**：分子间距离大于 10 倍的分子直径时，分子间的吸引力和排斥力都近似为零，对外表现出来的分子力也近似为零。

巩固练习

一、判断题

1. 温度越高，扩散现象越明显。（　　）

2. 布朗运动是液体分子的无规则运动。(　　)

3. 固、液、气三态均可发生扩散现象。(　　)

4. 扩散现象不是分子的运动，而是间接证明了分子的无规则运动。(　　)

5. 布朗运动的本质是分子的运动，它直接证明了组成物体的分子在不停地运动。(　　)

二、填空题

1. 宏观物体是由大量________组成的，若把分子看成球形，它的直径大约是________m。

2. 分子间同时存在________力和________力，实际表现出来的是它们的合力，称为________，它们的大小与分子间的距离有关。当分子间距离小于 r_0 时，吸引力________排斥力（填“大于”“小于”或“等于”），分子力表现为________力；当分子间距离大于 r_0 时，吸引力________排斥力（填“大于”“小于”或“等于”），分子力表现为________力；当分子间距离等于 r_0 时，吸引力________排斥力（填“大于”“小于”或“等于”），分子力为________；当分子间距离大于 10 倍的分子直径时，对外表现出来的分子力也近似为________。

3. 不同物质相互接触时彼此进入到对方的现象，叫作________。

4. 物理学中把悬浮微粒永不停息的无规则运动叫作________。

5. 扩散现象和布朗运动实验表明，一切物质的分子都在一刻不停地作________运动，温度越高，运动越________。我们把这种运动叫作热运动。

6. 固体既不易被压缩也不易被拉伸的性质说明，其分子间同时存在________和________。

三、选择题

1. 关于扩散现象，下列说法不正确的是（　　）。

A. 扩散现象是由物质分子无规则运动产生的

B. 液体中的扩散现象是由于液体的对流而形成的

C. 温度越高，扩散进行得越快

D. 扩散现象在气体、液体、固体中都能发生

2. 关于分子热运动和布朗运动，下列说法正确的是（　　）。

A. 布朗运动是指在显微镜中看到的液体分子的无规则运动

B. 布朗运动间接证明了分子在永不停息地做无规则运动

C. 悬浮颗粒越大，同一时刻与它碰撞的液体分子越多，布朗运动越显著

D. 当物体温度达到 0 ℃时，固体分子的热运动就会停止

3. 把表面光滑的铅块放在铁块上，经过几年后将它们分开，发现铅块中含有铁，而铁块中也含有铅，这种现象说明（　　）。

A. 物质分子间存在着相互作用力

B. 分子之间存在空隙

C. 分子永不停息地运动

D. 分子的引力大于斥力

4. 酒精和水混合后的体积小于原来酒精和水体积之和，这个实验说明了（　　）。

A. 物质是由分子构成的

B. 分子在永不停息地运动

C. 分子间存在着相互作用的引力和斥力

D. 分子间存在着空隙

四、计算题

将 1 cm^3 的油酸溶于酒精，制成 300 cm^3 的油酸酒精溶液；测得 1 cm^3 的油酸酒精溶液有 50 滴。现取一滴该油酸酒精溶液滴在水面上，测得所形成的油膜面积是 0.13 m^2，试计算油酸分子的直径（结果保留 1 位有效数字）。

第二节 物体的内能

学习目标

了解温度的概念，从微观角度了解气体分子运动与温度的关系；并能解释生产生活中的有关热现象；了解内能的概念，掌握改变物体内能的方法。

学习指导

1. **热力学温度和摄氏温度之间的数值关系：**T 和 t 之间的数值关系为 $T=t+273.15$。

2. **温度与分子动能：**温度是物体分子平均动能大小的标志，温度越高，分子平均动能越大。

3. **物体的内能：**从宏观角度看，物体的内能与物体的温度、体积以及物质的量有关；从微观角度看，物体的内能取决于分子势能、分子平均动能及分子的数目。

巩固练习

一、判断题

1. 物体温度不变，其内能一定不变。(　　)
2. 物体温度降低，其分子热运动的平均动能增大。(　　)
3. 当分子力表现为引力时，分子势能随分子间距离的增大而增大。(　　)
4. 分子平均动能只与温度有关，温度相同，平均动能相同。(　　)
5. 内能是对物体内的大量分子而言的，不存在某个分子内能的说法。(　　)

二、填空题

1. 温度是分子________大小的标志。温度越高，分子热运动越________，分子________越大。

2. 常见的温标有两种，________温标和________温标。

3. 摄氏温度用 t 表示，单位是℃（摄氏度）；热力学温度用________表示，单位是________（开尔文）。热力学温度和摄氏温度之间的数值关系是________。

4. 物体内所有分子动能和分子势能的总和叫作物体的________。内能是物体的一种固有属性。

5. 改变物体内能有________和________两种方式。当温度升高时，分子的动能________，物体的内能________；当温度降低时，分子的动能________，物体的内能________。

三、选择题

1. 关于温度的几种说法，正确的是（　　）。

A. 温度是物体含热量多少的标志

B. 温度是物体内能的标志

C. 温度是物体分子势能的标志

D. 气体的温度是气体分子平均动能的标志

2. 两个温度不同的物体相接触，热平衡后，它们具有相同的物理量是（　　）。

A. 内能　　B. 分子平均动能

C. 分子势能　　D. 热量

3. 关于物体的内能，以下说法正确的是（　　）。

A. 不同的物体，若温度相等，则内能也相等

B. 物体速度越大，则分子动能越大，内能也越大

C. 体积相同的同种气体，它们的内能一定相等

D. 物体的内能与物体的质量、温度和体积都有关系

4. 两个相距较远的分子仅在分子力作用下由静止开始运动，直至不再靠近。在此过程中，下列说法不正确的是（　　）。

A. 分子力先增大，后一直减小　　B. 分子力先做正功，后做负功

C. 分子动能先增大，后减小　　D. 分子势能和动能之和不变

5. 关于分子动理论和物体内能的理解，下列说法不正确的是（　　）。

A. 温度高的物体内能不一定大，但分子平均动能一定大

B. 当分子间的距离增大时，分子间作用力就一直减小

C. 温度越高，布朗运动越显著

D. 当分子间作用力表现为斥力时，分子势能随分子间距离的减小而增大

四、简答题

如图 3–1 所示，图线甲和图线乙为两分子之间的引力以及斥力随两分子之间距离的变化规律，且两图线有一交点，假设分子间的平衡距离为 r_0，则：

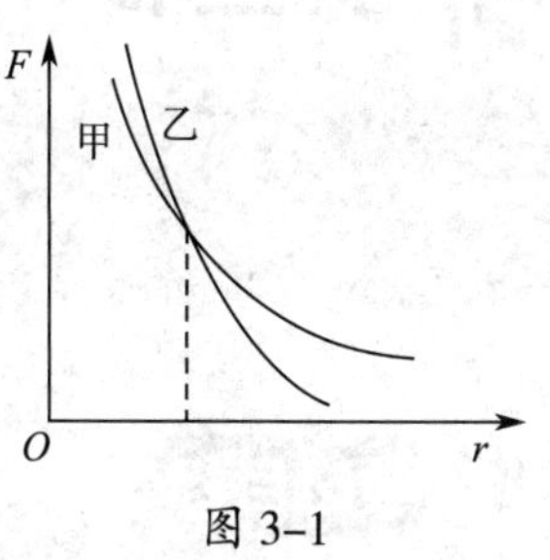

图 3–1

（1）哪条图线为分子引力随分子间距离变化的图线？为什么？

（2）两图线的交点对应的横坐标为多少？为什么？

（3）如果两分子之间的距离小于交点的横坐标时，分子力表现为什么力？为什么？

第三节　热力学第一定律

学习目标

掌握热力学第一定律；知道热传递和做功对改变物体内能的影响；理解能量守恒是自然界中最基本、最普遍的规律之一；能运用能量守恒定律解释自然界中简单的能量转化问题。

学习指导

1. **改变物体内能的方式：**做功和热传递。

2. **热力学第一定律：**物体内能的改变量等于外界传递给物体的热量与外界对物体做功的和，表达式为：$\Delta U=W+Q$，其中，ΔU 为内能的变化量，W 为外界对物体做的功，Q 为外界传递给物体的热量。

3. **能量守恒定律：**能量既不会凭空产生，也不会凭空消失。它只能从一种形式转化为另一种形式，或者从一个物体转移到另一个物体。在转化或转移过程中，能量总量保持不变。

巩固练习

一、判断题

1. 物体吸收热量，同时对外做功，内能可能不变。(　　)
2. 做功改变物体内能的过程是内能与其他形式的能相互转化的过程。(　　)
3. 做功和热传递在改变物体内能上是等效的。(　　)
4. 一个系统的内能变化可以由做功或热传递任意一个因素决定。(　　)
5. 热机中，燃气的内能可以全部变为机械能而不引起其他变化。(　　)

二、填空题

1. 热力学第一定律告诉我们：物体内能的改变量等于外界传递给物体的热量和外界对物体做功的和，表达式为________。

2. 能量既不会凭空________，也不会凭空________。它只能从一种形式转化为另一种形式，或者从一个物体转移到另一个物体。在转化或转移过程中，其总量________。这就是能量守恒定律。

3. 冬天在室外用双手互相摩擦或者用嘴对着手呵气均可使手发热，前者是通过________的方式增加了手的内能，后者是通过________的方式增加了手的内能。

4. 不规则地搅拌盛于绝热容器中的液体，液体温度在升高，若将液体看做系统，则外界传给系统的热量________零（填“大于”“等于”或“小于”），外界对系统做的功________零（填“大于”“等于”或“小于”），系统的内能的增量________零（填“大于”“等于”或“小于”）。

5. 压缩气体，外界对气体________，内能________，温度________。

三、选择题

1. 下列现象中，用做功方法改变物体内能的是（　　）。

A. 酒精涂在手上觉得凉

B. 冬天晒太阳，人感到暖和

C. 锯木头时，锯条会发烫

D. 烧红的铁块温度逐渐降低

2. 下列现象中，属于热传递的方式改变物体内能的是（　　）。

A. 菜刀在砂轮上磨得发烫

B. 用打气筒打气时筒壁发热

C. 两手互相摩擦时手发热

D. 在炉子上将水烧开

3. 关于一定质量的理想气体，下列叙述不正确的是（　　）。

A. 气体体积增大时，其内能一定减少

B. 外界对气体做功，气体内能可能减少

C. 气体温度升高，其分子平均动能一定增加

D. 气体温度升高，气体可能向外界放热

4. 关于物体的内能，下列说法正确的是（　　）。

A. 相同质量的两个物体，升高相同的温度，内能增量一定相同

B. 一定量 0 ℃的水结成 0 ℃的冰，内能一定减少

C. 一定量的气体体积增大，但既不吸热也不放热，内能一定减少

D. 一定量的气体吸收热量而体积保持不变，内能一定减少

5. 如图 3–2 所示，活塞将汽缸分成甲、乙两个气室，汽缸、活塞（连同拉杆）是绝热的，且不漏气，以 $E_{甲}$、$E_{乙}$分别表示甲、乙两气室中气体的内能，则在将拉杆缓慢向外拉的过程中（　　）。

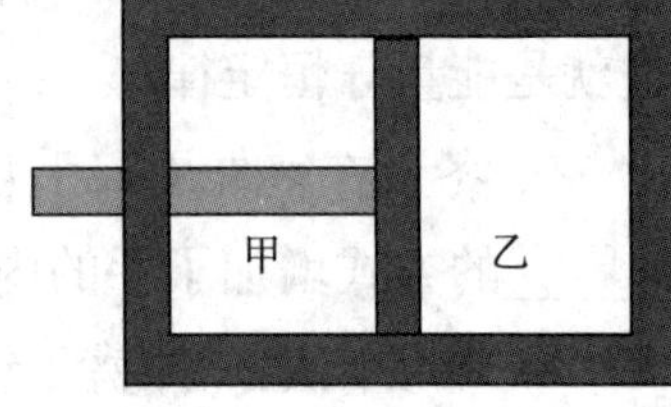

图 3–2

A. $E_{甲}$不变，$E_{乙}$减少

B. $E_{甲}$不变，$E_{乙}$增大

C. $E_{甲}$增大，$E_{乙}$不变

D. $E_{甲}$增大，$E_{乙}$减少

四、计算题

在一次压缩作业中，空气压缩机的活塞对空气做了 3.5×10^3 J 的功，空气向外界放出的热量为 5.0×10^2 J。求空气内能的变化量。

第四章　直流电及其应用

本章主要学习电流、电阻、电压、电源电动势及内阻的概念，了解金属导体电阻的大小与导体的长度、横截面积及材料有关。重点掌握全电路欧姆定律，了解全电路欧姆定律在生活生产中的应用，并能进行简单计算。了解多用表的工作原理，掌握使用多用表测量电阻、电流、电压等电学参量的方法。

知识脉络图

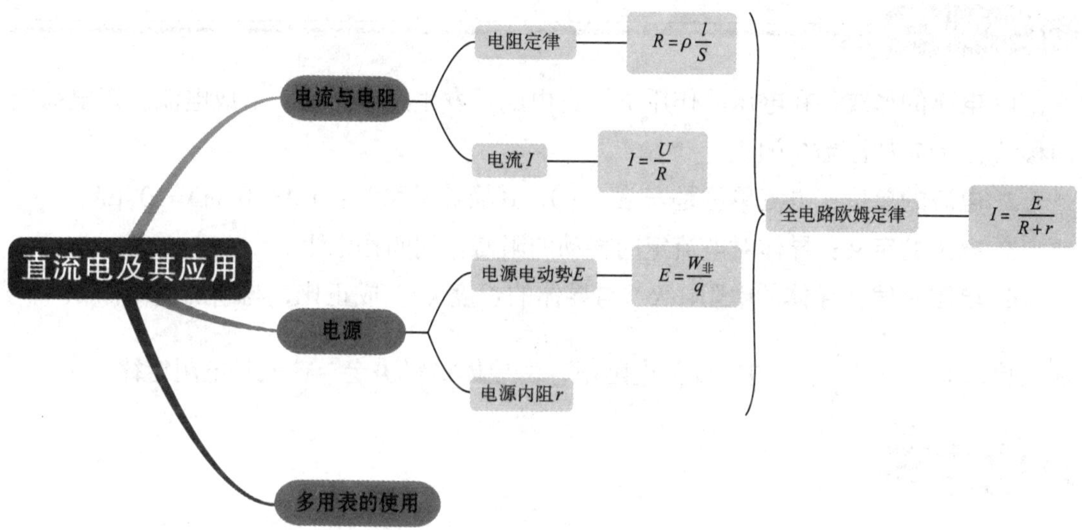

第一节　电流与电阻

学习目标

理解电流、电阻的概念，掌握电阻定律及其简单计算，重点掌握电流的定义、方向及计算。

学习指导

1. **电流的形成：**在电压的作用下，自由电子发生定向移动，形成电流。正电荷定向移动的方向为电流的方向。

2. **电流的单位：**电流单位是安培（A），其换算关系为：$1\ \text{A}=10^3\ \text{mA}=10^6\ \mu\text{A}$。

3. **电阻的定义：**导体对电流定向移动的阻碍作用叫作电阻。

4. **电阻定律：**导体的电阻（R）与导体的长度（l）成正比，与它的横截面积（S）成反比，即：$R=\rho\dfrac{l}{S}$，其中，ρ 为电阻率，由导体材料决定，这就是电阻定律。

巩固练习

一、判断题

1. 在导体中，只要自由电荷在运动就一定会形成电流。（　　）
2. 电流方向就是电荷定向移动的方向。（　　）
3. 电阻就是导体对电流定向移动的阻碍作用。（　　）
4. 电阻与导体的长度成正比。（　　）
5. 银、铜等金属材料电阻率很小，适合做导体，用于输电、用电线路中。（　　）
6. 金属的电阻率随温度的升高而减小，利用这一特性可以制成电阻温度计。（　　）
7. 绝缘体接在电路中仍有微小电流通过。（　　）
8. 导体两端没有电压就不会形成电流。（　　）

9. 电阻值大的材料为绝缘体，电阻值小的材料为导体。(　　)

二、填空题

1. 为反映电流的强弱（大小），把通过导体横截面的________与所用________的比值，称为电流（I），公式为________。

2. 在物理学中，规定________电荷定向移动的方向为电流的方向。

3. 电流的单位是安培（A），简称安，1 A=________mA=________μA。

4. 形成电流的条件是要在导体两端施加________。

5. 在温度不变时，导体的电阻（R）与导体的长度（l）成________比，与它的横截面积（S）成________比，这就是________定律，表达式为________。

6. 根据________的大小，我们把物质分为导体、半导体和绝缘体。常用的半导体材料有________、________等材料。

7. 通过导体的电流 I 与导体两端的________成正比，与它的________成反比。这就是部分电路欧姆定律，用公式表示为________。

三、选择题

1. 下列选项中，与形成电流无关的条件是（　　）。

A. 有能够自由移动的电荷　　B. 导体

C. 导体两端有电压　　D. 在丝绸上摩擦过的玻璃棒

2. 关于导体和绝缘体的性质，下列说法不正确的是（　　）。

A. 自由电子在导体中定向移动时受到的阻碍较小

B. 超导体对电流的阻碍作用等于零

C. 绝缘体接在电路中仍有微小电流通过

D. 电阻值大的为绝缘体，电阻值小的为导体

3. 有甲、乙两根均匀电阻丝，它们的材料和质量均相同，甲长度是乙长度的 2 倍，则甲电阻是乙电阻的（　　）倍。

A. 2　　B. 4　　C. 1　　D. $\frac{1}{2}$

4. 在温度一定的情况下，关于两根粗细、长短都相同的铜导线和铝导线的电阻，下列说法中正确的是（　　）。

A. 铜导线的电阻大　　B. 铝导线的电阻大

C. 两种导线电阻一样大　　D. 无法确定

5. 温度一定时，导体电阻的大小与（　　）有关。

A. 电压大小　　B. 电流大小

C. 导体材料的长短、粗细　　D. 电路中电源电动势大小

6. 适合用作绝缘体的物质是（　　）。

A. 水　　B. 金属铜　　C. 橡胶　　D. 硅晶体

四、计算题

1. 在一根长 l=5 m，横截面积 $S=3.5\times10^{-4}\ \text{m}^2$ 的铜质导线两端加 2.5×10^{-3} V 的电压。已知铜的电阻率 $\rho=1.75\times10^{-8}\ \Omega\cdot\text{m}$，则：

（1）该导线的电阻是多大?

（2）该导线中的电流是多大?

2. 一粗细均匀的电阻丝接在 4 V 电源上，通过的电流为 0.2 A，现将它对折后拧成一股接在同一电源上，则通过它的电流为多大?

3. 接在电压为 220 V 电路中的电灯，流过灯丝的电流是 0.2 A，求这时灯丝的电阻是多少?

第二节　全电路欧姆定律

学习目标

理解电源电动势及内阻的基本概念，掌握全电路欧姆定律及其应用，能利用全电路欧姆定律进行简单电路计算。其中全电路欧姆定律及其应用是本节的重难点。

学习指导

1. **电源的定义**：能将其他形式的能转化成电能的装置称为电源。

2. **电动势**：电动势反映电源将其他形式的能转化成电能的能力大小，由电源本身的性质决定，与外电路无关。

3. **电动势的大小**：电源电动势在数值上等于电源没有接入电路时两极间的电压。

4. **全电路**：电路分成内电路（电源内部）及外电路（电源正负极以外的电路）两部分。内电路和外电路合起来称为全电路。

5. **内阻与外阻**：内电路的电阻称为内阻，外电路的电阻称为外阻。

6. **路端电压**：外电路两端的电压（电源两极间的电压）称为路端电压，也称外电压。

7. **全电路欧姆定律**：在外电路只接有电阻元件的情况下，通过闭合电路的电流与电源电动势成正比，与内外电路的电阻之和成反比，即 $I=\dfrac{E}{R+r}$，这就是全电路欧姆定律。其中，I 为电路中的电流，E 为电源电动势，R 为外电阻，r 为内电阻。

巩固练习

一、判断题

1. 电源的电动势等于路端电压。（　　）

2. 电源两端短路时，电动势为零。（　　）

3. 电源电动势的大小随电路中电流的变化而变化。（　　）

4. 电路闭合时，内、外电路的电压之和就是电源电动势的大小。（　　）

5. 外电路断开时，电流为零，根据 $U=IR$，路端电压 U 也等于零。（　　）

6. 全电路中，外电阻越大，电路中的电流越小，所以路端电压也越小。（　　）

7. 电路短路时，路端电压等于 0 V。（　　）

二、填空题

1. 电路中能够形成持续的电流，将其他形式的能转化成电能的装置称为________，电源有正、负两个极，向电路提供________。

2. 电源电动势在数值上等于电源没有接入电路时两极间的________。电动势用符号________表示，单位是________。

3. 电源正、负极以外的电路部分称为________；而电源内部的电路称为________。

4. 在外电路只接有电阻元件的情况下，通过闭合电路的电流与电源电动势成____比，与内外电路的电阻之和成________比，这就是________________。

5. 当外电路断路时，端电压就等于电源的________，当外电路短路时，端电压等于________。

三、选择题

1. 电源的电动势为 5 V，外电路的电阻为 4 Ω，内电路的电阻为 1 Ω，则闭合电路里的电流为（　　）A。

A. 0.8　　B. 1.25　　C. 1　　D. 5

2. 关于电源电动势的说法正确的是（　　）。

A. 电源的电动势等于内外电路电势降落之和

B. 电源的电动势等于路端电压

C. 在电源内，非静电力做功越多，电源的电动势越小

D. 电源两端短路时，电动势为零

3. 如图 4–1 所示，电源有一定内阻，当开关 S 闭合时，下列对电流表和电压表读数变化叙述正确的是（　　）。

A. 两表读数均变大

B. 两表读数均变小

C. 电流表读数增大，电压表读数减小

D. 电流表读数减小，电压表读数增大

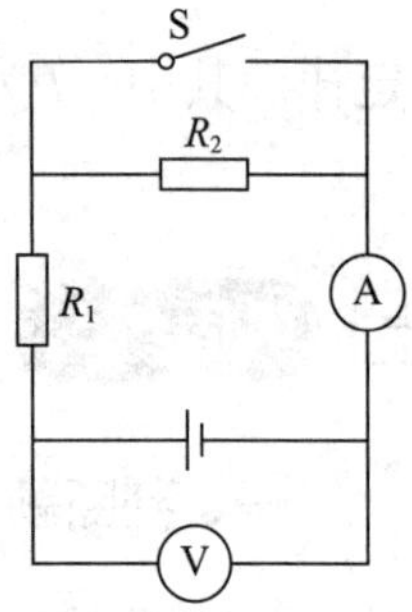

S
R_2
R_1
A
V

图 4–1

4. 如图 4–2 所示，电源有一定内阻，当变阻器滑片向上移动时，下列说法正确的是（　　）。

A. 电压表示数变大，灯 L 变暗

B. 电压表示数变大，灯 L 变亮

C. 电压表示数变小，灯 L 变暗

D. 电压表示数变小，灯 L 变亮

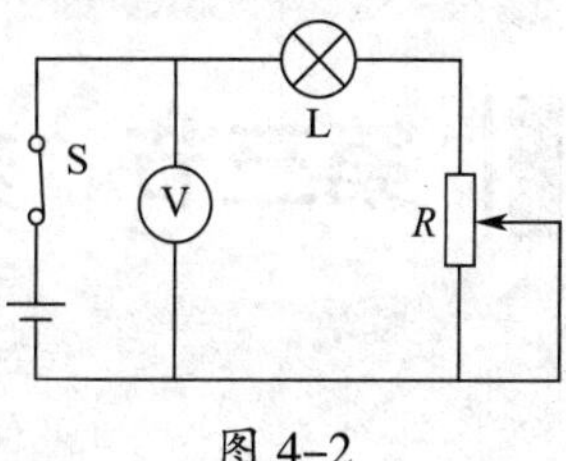

图 4–2

四、计算题

1. 电源的电动势为 1.5 V，内电阻为 0.12 Ω，外电阻为 1.38 Ω，求电路中的电流和路端电压。

2. 电源的内阻为 0.1 Ω，路端电压是 2.85 V，电路中的电流是 1.5 A，该电源的电动势是多少？

3. 某电源开路时正、负两极的电压为 15 V，短路电流为 30 A，该电源的内阻是多少？

4. 如图 4–3 所示，R_1=14 Ω，R_2=9 Ω，只闭合开关 S_1 时，电流表的示数为 0.2 A；只闭合开关 S_2 时，电流表的示数为 0.3 A。求电源的电动势和内电阻。

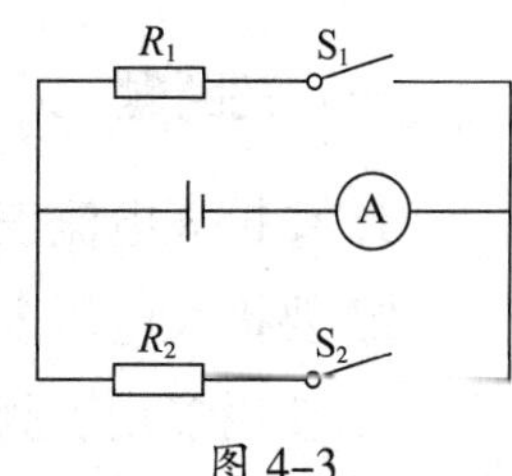

图 4–3

第三节　多用表的使用

学习目标

了解多用表的工作原理及结构；掌握利用多用表测量电阻、电流、电压的方法及操作步骤。其中重难点是利用多用表测量电阻、电流、电压的方法及步骤。

学习指导

1. **电表的改装**：要扩大电流表的量程，可以在表头 G 上并联一个分流电阻；要扩大电压表的量程，可以在表头 G 上串联一个分压电阻。

2. **多用表测量前的检查**：使用多用表测量前，应先检查指针是否指向刻度盘左侧零位。如果指针没有指向零位，需要调零。

3. **多用表的读数方法**：在刻度盘上，电流、电压值从左到右读取数据，电阻值从右到左读取数据。

4. **多用表的连接及使用**：红表笔插入多用表正（+）表笔插孔，黑表笔插入负（-）（COM）表笔插孔；测量直流参量（电流、电压）时，红表笔接到靠近电源正极的一端，黑表笔接到靠近电源负极的一端。

巩固练习

一、判断题

1. 要扩大电流表的量程，可以串联一个分流电阻。（　　）
2. 要扩大电压表的量程，可以并联一个分压电阻。（　　）
3. 使用多用表测量前，应先检查指针是否指向刻度盘左侧零位。（　　）
4. 使用多用表测量电压或电流时应先“试触”。（　　）
5. 多用表黑表笔应插入正（+）表笔插孔，红表笔应插入负（-）表笔插孔。（　　）

6. AC 测量的是交流电参数，DC 测量的是直流电参数。(　　)

7. 使用多用表测量交流电压时，红、黑表笔可以不分正、负接入测量电路。(　　)

二、填空题

1. 多用表又称为万用表，一般可测量________、________和________等多个电学参量。多用表按显示方式分为________式多用表和________式多用表。

2. 表头的电阻 R_g 叫作表头的________，指针偏转到最大刻度时的电流 I_g 叫作________，表头通过满偏电流时，加在它两端的电压 U_g 叫作________。

3. 扩大电流表量程时，应该________一个分流电阻；而在测量某一电路中的电流时，应将电流表________在被测电路中。

4. 扩大电压表量程时，应该________一个分压电阻；而在测量某一电路两端电压时，应将电压表________在这一电路的两端。

5. 在多用表刻度盘上，电流、电压值从________到________读取数据，电阻值从________到________读取数据。

6. 使用多用表测量直流电流时，多用表量程开关转至________相应量程上，____表笔接到靠近电源正极的一端，__________表笔接到靠近电源负极的一端，将多用表__________联到测量点上。

三、选择题

1. 某学生使用电流表时，根据电路中的待测电流，应选用 0 ~ 0.6 A 的量程，但误将“－”和“3”两接线柱接入电路。这样做的结果是(　　)。

A. 指针摆动角度大

B. 指针摆动角度小，读数更准确

C. 指针摆动角度小，会损坏电表

D. 指针摆动角度小，读数不精确

2. 关于电流表的使用，下列说法中不正确的是(　　)。

A. 使用前如果电流表的指针没有指在表盘上的“0”点，要先进行调零

B. 电流表要并联在被测电路中

C. 当电路中的电流不能估计时，要用试触的方法来选定合适的量程

D. 绝不允许不经过用电器把电流表接线柱接到电源的两极上

3. 如图 4–4 所示，多用表选挡开关处于 ×10 位置，测量的电阻阻值是(　　)Ω。

A. 300　　　　B. 1 100

C. 180　　　　D. 36

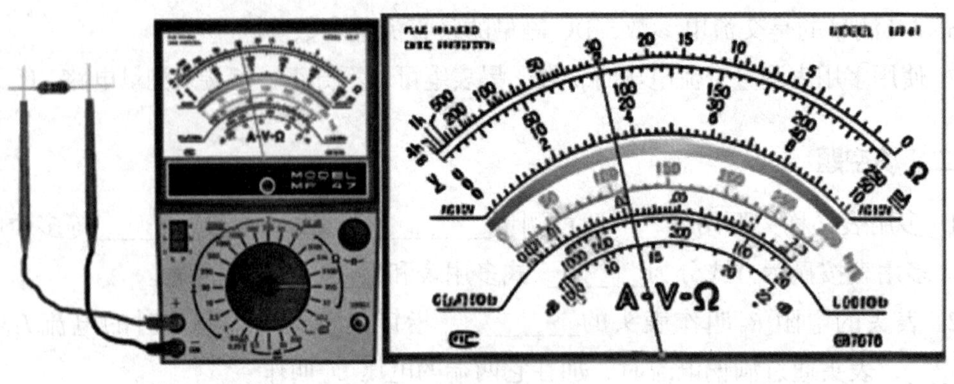

图 4–4

4. 如图 4–5 所示电路，S 闭合后发生的现象是（　　）。

A. 电流表烧坏，灯亮

B. 电压表烧坏，灯不亮

C. 电流表烧坏，灯不亮

D. 两表均未烧坏，灯不亮

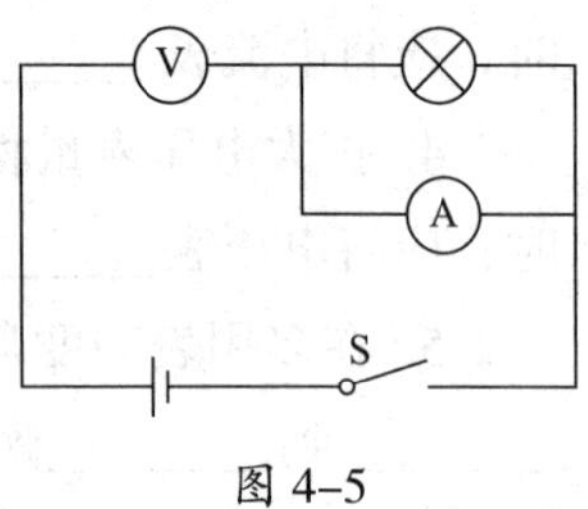

图 4–5

四、简答题

1. 某一电路如图 4–6 所示，根据两安培表中的示数，求：

（1）电路中的总电流。

（2）通过灯 L_1 的电流。

（3）通过灯 L_2 的电流。

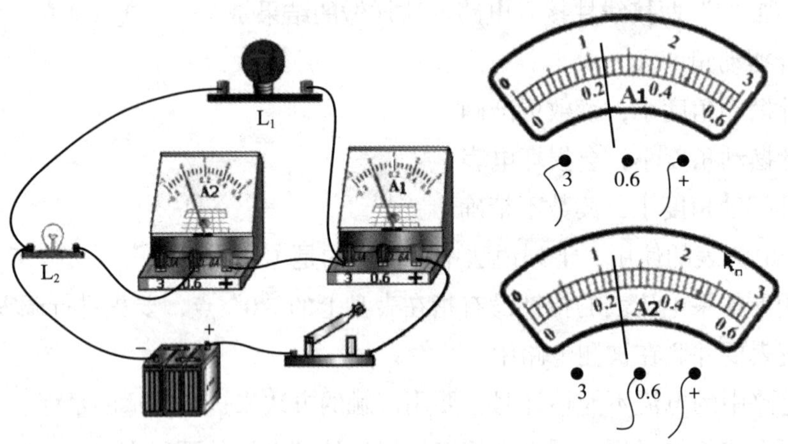

图 4–6

2. 使用多用表测量直流电路中大约 0.2 A 的电流，应如何操作？

*3. 使用多用表测量三孔插座电压（220 V），应如何操作？

第五章　电与磁及其应用

本章主要学习电场、磁场、磁场对电流和运动电荷的作用、电磁感应以及交流电等知识内容。重点掌握电场、磁场、电磁感应的相关性质，掌握电场、磁场中的一些定理和关系：比如库伦定理、电场中电势差与电场力做功之间的关系，匀强电场中电势差与电场强度之间的关系，磁通量的计算，通电直导线在磁场中所受安培力的计算，带电粒子在磁场中运动时所受洛伦兹力的计算，导体切割磁感应线时的感应电动势的计算，法拉第电磁感应定律的应用以及交流电的有效值的计算等。

知识脉络图

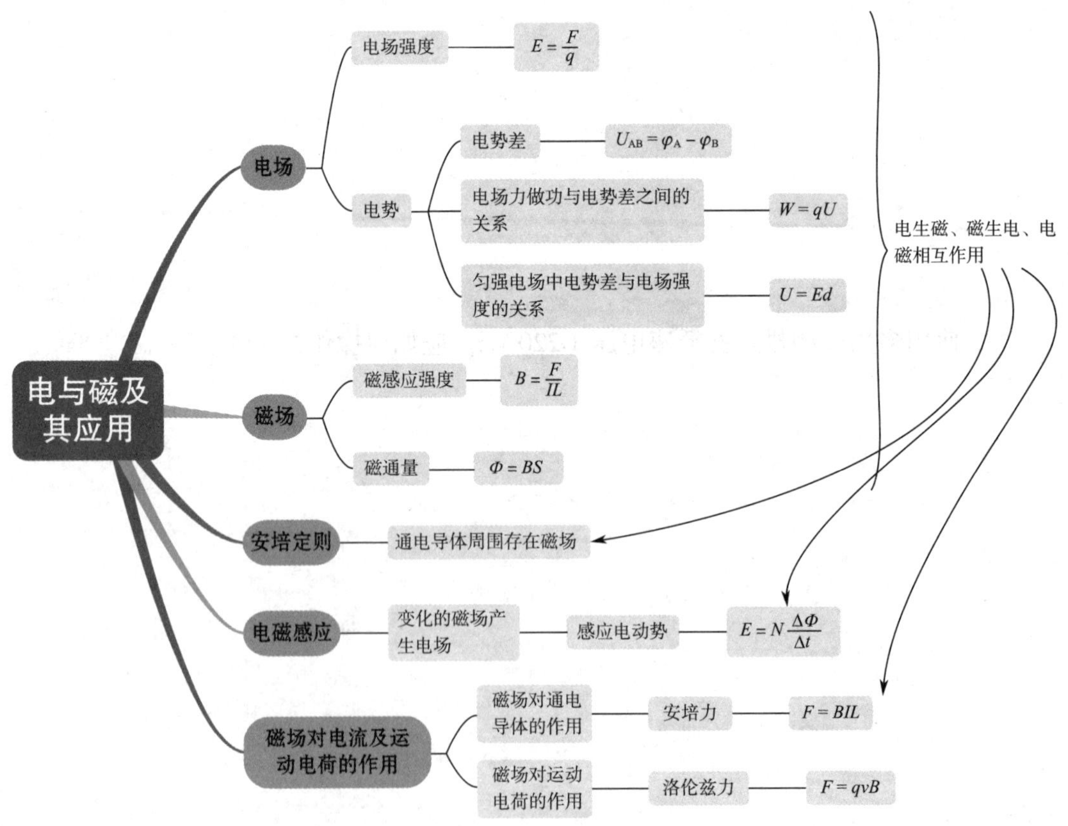

第一节　电场　电场强度　电势

学习目标

掌握静电现象及物体起电的方法；掌握电荷守恒定律、电场强度的定义、电场线的特点，掌握电势的定义、电势差与电场强度之间的关系、电场力做功与电势差之间的关系。其中，电场强度、电势既是重点也是难点。

学习指导

1. **摩擦起电**：摩擦起电的本质是相互摩擦的物体束缚电子的能力不同，束缚电子能力弱的物体失去电子而带正电，另一物体则得到电子而带负电。

2. **库仑定律**：两点电荷之间的库仑力为：$F=k\dfrac{q_1q_2}{r^2}$，其中，k 为静电力常量，q_1 和 q_2 为电荷量，r 为两点电荷之间的距离。

3. **电场力**：电场中电荷 q 受到的电场力为：$F=qE$，其中，E 为电场强度。

4. **电场线**：电场线越密的地方电场强度越大，电场线越疏的地方电场强度越小。

5. **电场力做功**：电场力做功大小等于电势能变化量。电场力做正功，电势能减小；电场力做负功，电势能增加。

6. **电势**：电场中某点的电势等于电荷在该点的电势能与该电荷带电量的比值：$\varphi=\dfrac{E_{\mathrm{p}}}{q}$。

7. **电场力做功的表达式**：电荷 q 在电场中运动，电场力做功大小只与始末两点间的电势差有关，与电荷运动路径无关，即 $W=qU$。

8. **匀强电场中电势差**：匀强电场中，任意两点间的电势差 U 与这两点在电场线方向的距离 d 成正比，与电场强度 E 也成正比，即 $U=Ed$。

巩固练习

一、判断题

1. 一个不带电的金属小球与一个带正电的金属小球接触后分开，则不带电的金属小球一定带正电。（　　）

2. 在一个封闭系统中，无论发生何种物理过程，系统内的正电荷和负电荷的总量都不会改变。（　　）

3. 在电场中某点，放入的试探电荷的电量越大，该点的电场强度就越大。（　　）

4. 在电场中，沿着电场线的方向电势逐渐降低。（　　）

5. 在电场中移动电荷时，如果电场力做正功，则电荷的电势能一定减少。（　　）

6. 在匀强电场中，任意两点间的电势差与这两点在电场线方向的距离成正比，与电场强度也成正比。（　　）

二、填空题

1. 当两个不同物体相互摩擦时，束缚电子能力较弱的物体容易________电子而带________电，束缚电子能力较强的物体则________电子而带________电。用丝绸摩擦橡胶棒，丝绸容易________电子而带________电，橡胶棒则________电子而带________电。

2. 电荷守恒定律告诉我们，电荷既不能________，也不能________，只能从一个物体转移到另一个物体，或从同一物体的一部分转移到另一部分。在上述转移过程中，电荷的总量________。

3. 电场线是人们为了描述电场的性质而引入的一些假想的曲线，电场线上每点的切线方向都和该点的电场强度方向一致，电场线的疏密程度可以反映电场强度的大小，电场线越疏的地方，电场强度越________，电场线越密的地方，电场强度越________。

4. 电场中 A 点的电势为 5 V，B 点的电势为 2 V，则 A、B 间的电势差 U_{AB}=________V，U_{BA}=________V。一带电量 $q=2.5\times10^{-5}$ C 的点电荷从 A 点运动到 B 点，电场力做________功，做功大小为________J。

5. 在匀强电场中，在电场线方向上 A、B 两点间的距离为 d=2.5 cm，已知 U_{AB}=10 V，该匀强电场的电场强度大小为 E=________V/m。

三、选择题

1. 下列关于起电的说法错误的是（　　）。

A. 静电感应不是创造了电荷，只是电荷从物体的一个部分转移到了另一个部分

B. 摩擦起电时，失去电子的物体带正电，得到电子的物体带负电

C. 摩擦起电时，电子从一个物体转移到另一个物体

D. 一个带正电的导体接触一个不带电的导体后分开，不带电导体上带上了负电荷

2. 两个完全相同的金属球 M 和 N 带电量之比为 3∶7，相距为 r。两者接触一下后放回原来的位置：两电荷原来带同种电荷，则分开后两金属球之间的静电力大小与原来之比是（　　）。

A. 21∶25　　B. 25∶21　　C. 16∶21　　D. 4∶21

3. 下列关于场强和电势的叙述，正确的是（　　）。

A. 在匀强电场中，场强处处相同，电势也处处相等

B. 在正点电荷形成的电场中，离点电荷越远，电势越高，场强越小

C. 等量异种点电荷形成的电场中，两电荷连线中点的电势为零，场强不为零

D. 在任何电场中，场强越大的地方，电势一定越高

4. 如图 5–1 所示，a、b、c、d 为匀强电场中的四点，a、b 在同一电场线上，b、c 在同一等势面上，d 点为线段 ac 的中点。若一个运动的正电荷先后经过 a、c 两点，a、c 两点的电势分别为 $\varphi_a=3$ V、$\varphi_c=-1$ V，则（　　）。

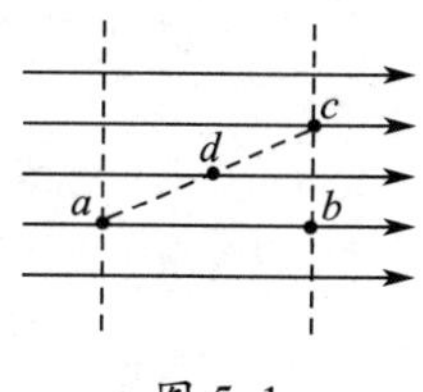

图 5–1

A. d 点电势为 2 V

B. b、d 间的电势差点 $U_{bd}=2$ V

C. 正电荷在 a 点的动能小于在 c 点的动能

D. 正电荷在 a 点的电势能小于在 b 点的电势能

5. 图 5–2 甲是静电除尘器的原理图，它由金属管 Q 和管中金属丝 P 组成，P 接负极，Q 接正极。废气以一定速度 v 从底部开口进入，经过除尘后，干净的空气从顶部出来，达到除尘目的。图 5–2 甲中 m、n 是静电除尘器中的两个点，图 5–2 乙是静电除尘器内部电场分布图，下列说法正确的是（　　）。

A. m 点和 n 点的电场强度大小相等

B. m 点的电势比 n 点的高

C. 靠近金属丝 P 处场强大，附近的空气被电离成正离子和电子

D. 尘埃微粒在强大的电场作用下电离成正负离子，分别吸附在 P 和 Q 上

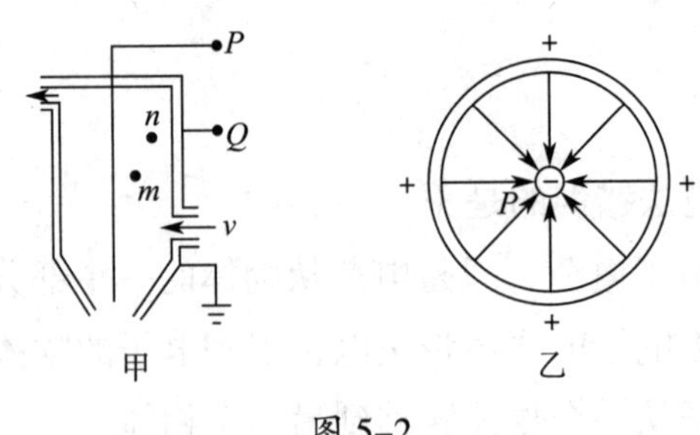

图 5-2

四、计算题

1. 两个带有异种电荷的相同小球 A、B 放在光滑的水平面上（图 5-3），其中 A 被固定在墙上的轻绳拉着，带电量为 $Q_A=4\times10^{-5}$ C，与 A 相距 $r=0.3$ m 的小球 B 固定在水平面上，且带电量为 $Q_B=-6\times10^{-4}$ C，已知静电力常量 $k=9.0\times10^{9}$ N · m²/C²，若两电荷均可视为点电荷，求轻绳上的拉力大小。

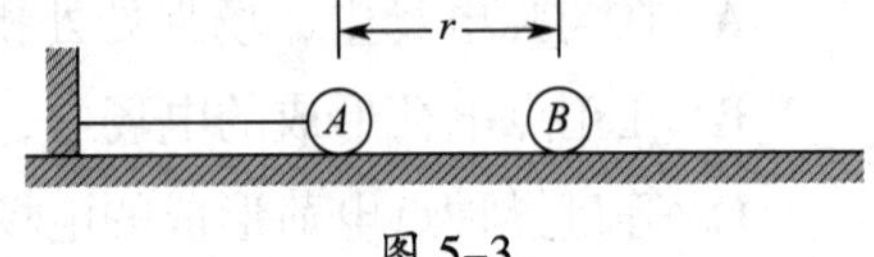

图 5-3

2. 一个带正电的小球从电势为 $V_1=-200$ V 的 A 点沿路径①移动到电势为 $V_2=200$ V 的 B 点（图 5-4），已知小球的带电量为 $q=2\times10^{7}$ C，求该过程中电场力做的功。若带电小球沿路径②从 A 点移到 B 点，电场力做的功如何？

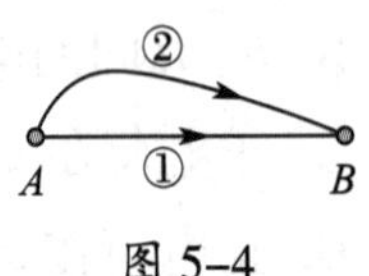

图 5-4

3. 如图 5–5 所示，电源电动势 U=5 V，与电源正极和负极相连的平行板 M、N 相距 d=2 cm，两平行板间的电场可以视为匀强电场，则 M、N 间的电势差 U_{MN} 为多少？两板间的电场强度大小和方向如何？

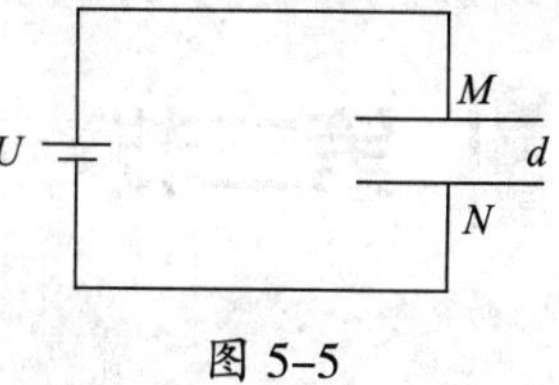

图 5–5

4. 细胞膜的厚度等于 700 nm（1 nm=10^{-9} m），当膜的内外层之间的电压达到 0.4 V 时，一价钠离子即可渗透。设细胞膜内的电场为匀强电场，则当一价钠离子恰好渗透时，膜内电场强度大小是多少？每个钠离子沿电场方向透过膜时，电场力做的功为多少（一价钠离子所带电量为 q=1.6 × 10^{-19} C）？

第二节　磁场　磁感应强度　磁通量

学习目标

掌握磁场的性质；理解安培定则；掌握磁通量的概念及计算。

学习指导

1. **磁感线：**磁感线越密的地方，磁场越强；磁感线越疏的地方，磁场越弱。

2. **通电直导线的磁场分布：**用安培定则判断通电直导线周围的磁场分布：用右手握住直导线，让拇指指向电流的方向，弯曲的四指所指的方向就是磁感应线的方向。越靠近直导线，磁感线分布越密，磁场越强。

3. **环形电流的磁场分布：**用安培定则判断环形电流周围的磁场分布：使右手弯曲的四指和环形电流的方向一致，伸直的拇指所指的方向就是环形电流内部磁感线的方向。

4. **通电螺线管的磁场分布：**用安培定则判断通电螺线管周围的磁场分布：用右手握住螺线管，让弯曲的四指所指的方向与电流的方向一致，拇指所指的方向就是通电螺线管内部磁感线的方向。

5. **磁感线的闭合性：**磁感线是闭合曲线，在磁体外部总是从N极指向S极，在磁体内部则是从S极指向N极。

6. **磁通量：**磁通量表示穿过某一面积S的磁感线的条数。磁通量用Φ表示，当磁感应强度为B的磁场与面积S垂直时，穿过面积S的磁通量为：$\Phi=BS$。

巩固练习

一、判断题

1. 磁感线是磁场中实际存在的曲线，我们可以用肉眼看到。(　　)

2. 地球周围存在磁场，地磁的北极在地理的南极附近。(　　)

3. 通电直导线周围产生的磁场是匀强磁场。(　　)

4. 在磁体的外部，磁感线从 N 极出发，进入 S 极；在磁体内部，磁感线从 S 极指向 N 极。(　　)

5. 在判断通电螺线管磁场方向时，应握住螺线管，让四指指向螺线管中电流的方向，那么大拇指所指的方向就是螺线管内部磁感线的方向。(　　)

6. 磁通量是描述磁场穿过某一面积的磁感线条数的物理量。(　　)

7. 当面积 S 与磁场方向平行时，通过面积 S 的磁通量为零。(　　)

二、填空题

1. 磁场具有方向性，磁场中某点的磁场方向规定为小磁针在该点静止时________所指的方向。

2. 磁感线是描述磁场分布而假想的曲线，它并不是实际存在的线，磁感线某点的切线方向表示该点磁场的________，磁感线的疏密程度表示磁场的________。

3. 当导线中有________流过时，其周围会产生磁场，这种现象称为电流的磁效应。

4. 使用安培定则判断直线电流周围的磁场方向时，我们用右手握住导线，让拇指伸直并与电流方向________，那么弯曲的四指所指的方向就是磁场的方向。

5. 当磁场 B 与某一面积为 S 的平面垂直时，穿过该平面的磁通量 Φ 最大，其大小为 Φ=________。

三、选择题

1. 北宋沈括在《梦溪笔谈》中记载了“以磁石磨针锋”制造指南针的方法，书中提到磁针“常微偏东，不全南也”。关于地磁场，下列说法正确的是(　　)。

A. 地磁场只分布在地球的外部

B. 地磁场的南极在地理南极附近

C. 地磁场穿过地球表面的磁通量为零

D. 地球表面各处的磁感应强度相等

2. 关于磁感应强度和磁通量，下列说法正确的是(　　)。

A. 磁感应强度是只有大小、没有方向的标量

B. 磁通量越大，磁感应强度也越大

C. 在匀强磁场中，沿磁感线方向磁感应强度越来越小

D. 磁通量发生变化时，磁感应强度不一定发生变化

3. 关于长直通电导线周围的磁场，下列说法正确的是（　　）。

A. 磁场的磁感线是一些以导线上各点为圆心的同心圆，磁感线的疏密程度一样

B. 磁场的磁感线是一些以导线上各点为圆心的同心圆，越靠近导线磁感线越密

C. 磁场的磁感线方向与电流方向一致

D. 直线电流周围的磁场是匀强磁场

4. 如图 5-6 所示，水平放置的螺线管上通有电流，P、Q 为螺线管导线的两端，E、F 分别为螺线管内部和外部的两点，下列说法正确的是（　　）。

A. 若电流从 P 端流向 Q 端，E 点的磁感线方向向右

B. 若电流从 P 端流向 Q 端，F 点的磁感线方向向上

C. 若电流从 Q 端流向 P 端，F 点的磁感线方向向左

D. E 点和 F 点的磁感线方向相同

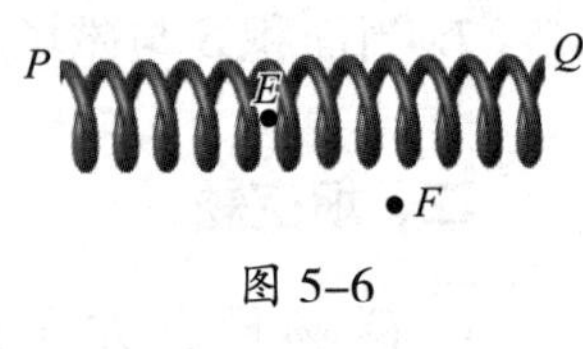

图 5-6

5. 如图 5-7 所示，磁场中有 3 个面积相同且相互平行的线圈 S_1、S_2 和 S_3，穿过线圈 S_1、S_2 和 S_3 的磁通量分别为 Φ_1、Φ_2 和 Φ_3，下列判断正确的是（　　）。

A. Φ_1 最大

B. Φ_2 最大

C. Φ_3 最大

D. Φ_1、Φ_2 和 Φ_3 一样大

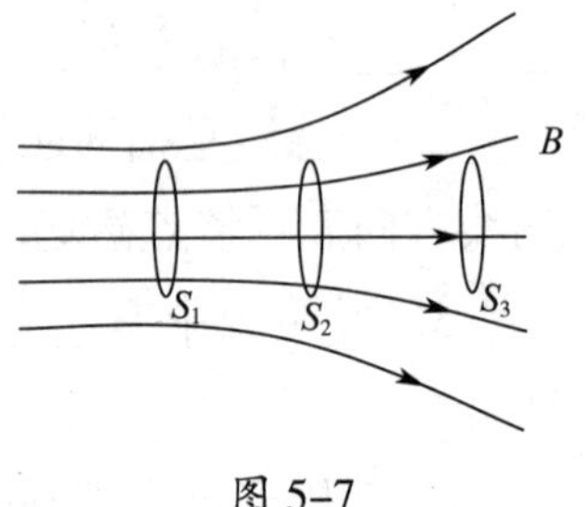

图 5-7

四、计算题

1. 如图 5-8 所示，匀强磁场中一根长度 L=1 m 的通电导线与磁场方向垂直，当导线中的电流强度为 I=5 A 时，导线受到的磁场的作用力 F 大小为 10 N。求该磁场的磁感应强度 B 的大小。

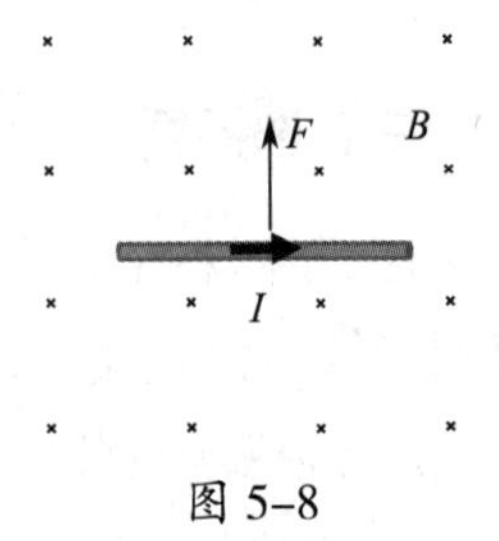

图 5-8

2. 如图 5-9 所示，立方体 $ABCD\text{-}A'B'C'D'$ 放置在竖直向下的匀强磁场中，面 $ABCD$ 与磁场方向垂直，已知磁感应强度大小为 $B=5\ \text{T}$，面 $ABCD$ 的面积为 $S=2\ \text{m}^2$，求：

（1）通过面 $ABCD$ 的磁通量大小；

（2）通过面 $A'B'CD$ 的磁通量大小；

（3）通过面 $AA'DD'$ 的磁通量大小。

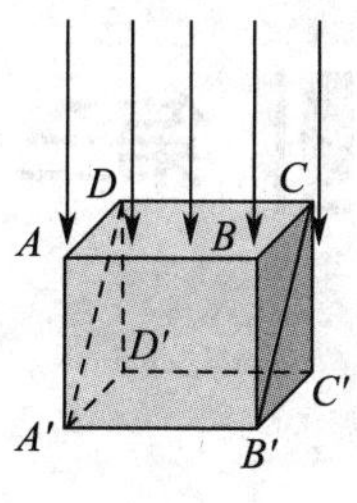

图 5-9

五、作图题

如图 5-10 所示，已知通电导线周围磁感线的方向，试在各图中标出电流方向。

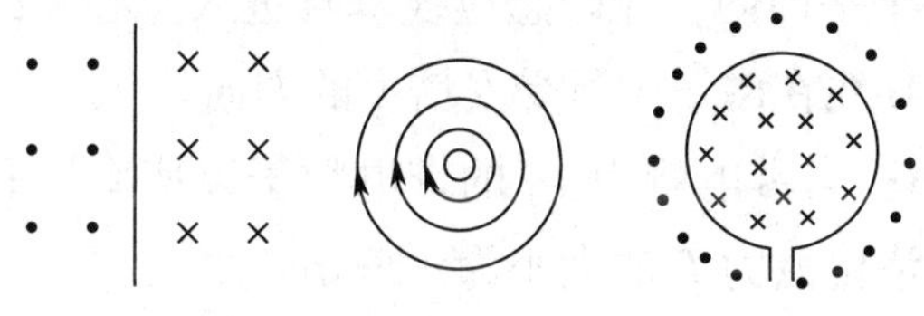

图 5-10

第三节　磁场对电流及运动电荷的作用

学习目标

掌握通电导线在磁场中所受安培力的大小的计算和方向的判别；掌握带电粒子在磁场中运动所受洛伦兹力的大小的计算和方向的判别。

学习指导

1. **安培力的大小：**通电直导线在磁场中，若导线与磁场方向垂直，则导线所受安培力大小为 $F=BIL$；若导线与磁场方向不垂直，且导线与磁场方向的夹角为 θ，则导线所受安培力大小为 $F=BIL\sin\theta$。

2. **安培力的方向：**安培力的方向用左手定则判断：伸开左手，使拇指跟其余四指垂直，并且与手掌在一个平面内，让磁感应线垂直进入手心，四指指向电流方向，拇指所指的方向就是通电导线在磁场中所受安培力的方向。

3. **洛伦兹力的大小：**当带电量为 $+q$ 的带电粒子以速率 v 垂直匀强磁场 B 的方向运动时，带电粒子受到洛伦兹力 F 的大小为：$F=qvB$。

4. **洛伦兹力的方向：**洛伦兹力的方向用左手定则判断：伸开左手，使拇指跟其余四指垂直，并且与手掌在一个平面内，让磁感应线垂直进入手心，四指指向正电荷运动的方向（负电荷运动的反方向），这时拇指所指方向就是带电粒子在磁场中所受洛伦兹力的方向。洛伦兹力的方向始终与速度方向以及磁场方向垂直。

巩固练习

一、判断题

1. 通电导体在磁场中一定会受到力的作用。（　　）
2. 通电导体在磁场中受力的大小与磁场的强弱无关。（　　）

3. 运动电荷在磁场中一定会受到洛伦兹力的作用。(　　)

4. 运动电荷在磁场中所受洛伦兹力方向始终与速度方向垂直。(　　)

5. 左手定则中，四指指向的是电荷的运动方向，与电荷的正负无关。(　　)

二、填空题

1. 在匀强磁场中，当通电导线与磁场方向垂直时，导线所受的安培力最大，此时安培力的大小为________(设导线中电流为 I，磁感应强度为 B，导线长度为 L)。

2. 安培力的方向可以用________定则判断：伸开________手，使大拇指与其余四指垂直，并且在手掌平面内，让________垂直穿入手心，使四指指向电流方向，那么拇指所指的方向就是通电导线在磁场中所受安培力的方向。

3. 当通电导线与磁场方向平行时，导线所受安培力为________。

4. 洛伦兹力方向可根据________定则来判断，只不过把________电荷（流）的运动方向看作电流方向即可。

5. 一个电子在匀强磁场中运动，在____________________情况下不受到磁场力的作用。

6. 洛伦兹力始终与电荷的运动方向和磁场方向垂直，因此它不会对电荷做功，不会改变速度的________，只会改变速度的________。

三、选择题

1. 如图 5–11 所示，用两根相同的细绳水平悬挂一段均匀载流直导线 MN，当电流 I 从 M 端流向 N 端时，绳子的拉力均为 F。为使 $F=0$，下列方法正确的是 (　　)。

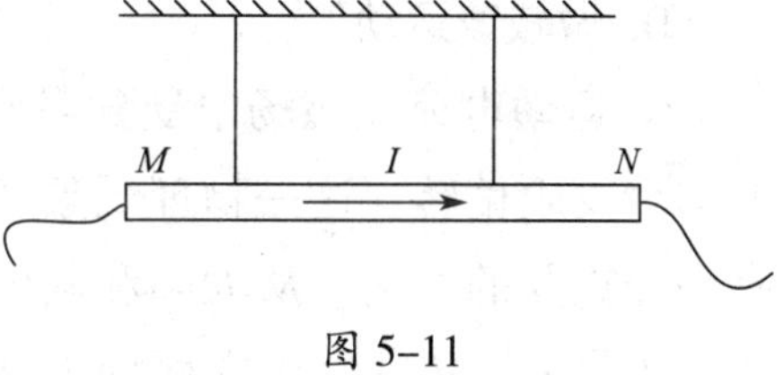

图 5–11

A. 施加与一定强度水平向右的磁场

B. 施加与一定强度水平向左的磁场

C. 施加与一定强度垂直纸面向里的磁场

D. 施加与一定强度垂直纸面向外的磁场

2. 图 5–12 所示为电动机的简化模型，线圈 $abcd$ 可绕轴 O_1O_2 自由转动。当线圈中通入如图所示的电流时，顺着 O_1O_2 的方向看去，对线圈转动描述正确的是 (　　)。

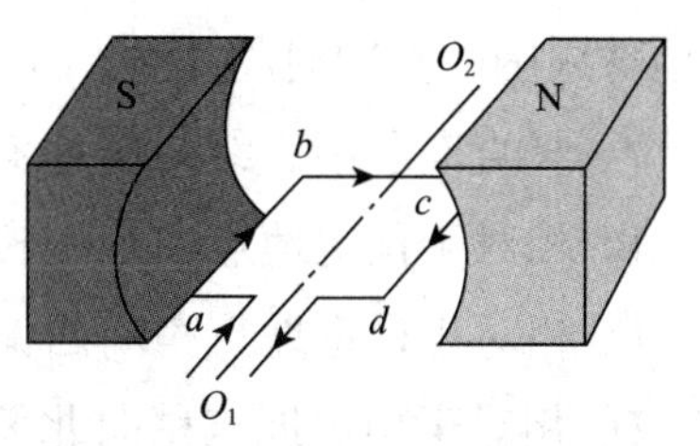

图 5–12

A. 顺时针转动

B. 逆时针转动

C. 仍然保持静止

D. 可能顺时针转动，也可能逆时针转动

3. 关于两根相互平行的通电直导线间的相互作用力，下列说法正确的是（　　）。

A. 如果它们通以同向的电流，则两导线间的作用是相互吸引的

B. 如果它们通以同向的电流，则两导线间的作用是相互排斥的

C. 如果它们通以反向的电流，则两导线间的作用是相互吸引的

D. 如果一根导线的电流大，另一根导线的电流小，则电流大的导线受到的作用力大

4. 关于运动电荷在磁场中所受的洛伦兹力，下列说法中正确的是（　　）。

A. 静止的电荷放在磁场中一定受到洛伦兹力作用

B. 运动电荷在磁场中一定受到洛伦兹力作用

C. 洛伦兹力的方向一定垂直于磁场方向和电荷运动方向所构成的平面

D. 洛伦兹力既可以改变电荷的运动方向，也可以改变电荷的运动速度大小

5. 如图 5–13 所示，不计重力的带正电粒子水平向右进入匀强磁场，对该带电粒子进入磁场后的运动情况，下列判断正确的是（　　）。

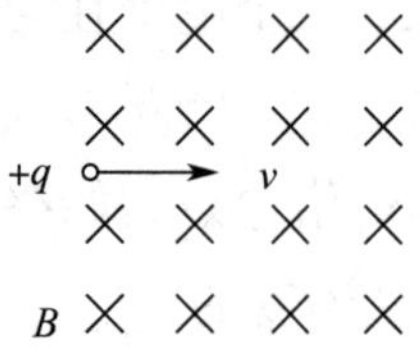

A. 向上偏转

B. 向下偏转

C. 做匀速直线运动

D. 做减速运动

图 5–13

6. 运动电荷在磁场中受到洛伦兹力的作用，其运动方向会发生偏转，这一物理现象对地球上的生命而言具有十分重要的意义。从太阳和其他星体发射出的高能粒子流（称为宇宙射线）在射向地球时，由于地磁场的存在，会改变运动方向，从而对地球起到保护作用。现有一束来自宇宙的质子流（带正电），以垂直于地球表面的方向射向赤道上空的某一点（图 5–14），则这些质子在进入地球周围的空间时将（　　）。

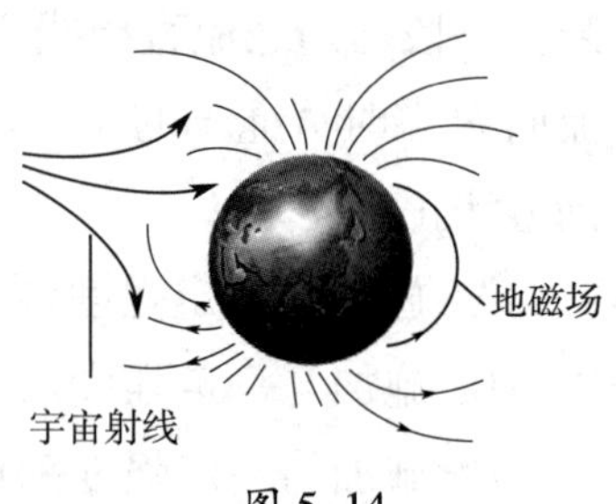

图 5–14

A. 竖直向下沿直线射向地面

B. 相对于预定地点向东偏转

C. 相对于预定地点稍向西偏转

D. 相对于预定地点稍向北偏转

四、计算题

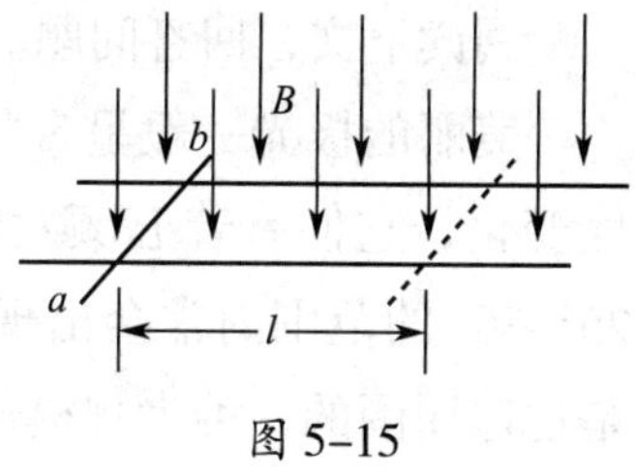

图 5-15

1. 在空间中有竖直向下、磁感应强度 B=3 T 的匀强磁场，一根长 L=0.5 m 的金属导体 ab 放置在两根光滑的水平绝缘导轨上，导轨平面与磁场方向垂直（图 5-15）。当导体中通有大小为 I=2 A 的恒定电流时，导体开始运动，经过一段时间，导体沿水平方向向右运动了 l=5 m 的距离。求：

（1）导体中的电流方向；

（2）导体所受的安培力的大小；

（3）该过程中，安培力对导体做功大小。

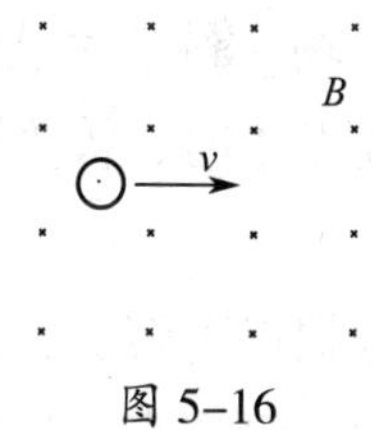

图 5-16

2. 一个带电粒子以速度 $v=2\times10^6$ m/s 沿水平方向进入一个垂直纸面向外的匀强磁场（图 5-16），磁感应强度 B=0.2 T，粒子带电量 $q=5\times10^{-6}$ C，求粒子所受的洛伦兹力的大小和方向。

五、简答题

阅读下文，回答问题。

美丽的极光一般呈带状、弧状、幕状或放射状，这些形状有时稳定，有时作连续性变化。它们有着五颜六色的色彩，像飘舞的彩带，又像万里长虹。在离地球磁极25°~30° 的范围内常会出现极光，这个区域被称为极光区或极光椭圆带。其实，极光是地球周围的一种大规模放电过程。极光产生的条件有三个：大气、磁场、高能带电粒子，这三者缺一不可。极光不只在地球上出现，太阳系内的其他一些具有磁场的行星上也有极光。

有一种理论认为，极光是太阳与大气层共同演绎的壮丽景象。在太阳释放的诸如光和热等形式的能量中，有一种能量被称为太阳风。太阳风是太阳喷射出的可以覆盖地球的高能带电粒子流，其中粒子属于等离子态。太阳风在地球上空环绕流动，以大约 400 km/s 的速度撞击地球磁场。地球磁场形如漏斗，尖端对着地球的南北两个磁极，由于地磁场的作用，太阳发出的带电粒子沿着地磁场这个“漏斗”沉降，进入地球的两极地区。两极的高层大气，受到太阳风的轰击后发出光芒，形成极光。在南极地区形成的极光叫南极光，在北极地区形成的极光叫北极光。人们看到的极光，主要是带电粒子流中的电子造成的。而且，极光的颜色和强度也取决于沉降的带电粒子的能量和数量。用一个形象比喻，可以说极光活动就像磁层（地磁场分布在地球周围，被太阳风包裹着，形成一个棒槌状的胶体，它的科学名称叫作磁层）活动的实况直播画面。沉降带电粒子为电视机的电子束，地球大气为电视屏幕，地球磁场为电子束的导向磁场。科学家从这个天然大电视中得到磁层以及日地空间电磁活动的大量信息。在极光发生时，极光的显示和运动是带电粒子流受到磁层中电场和磁场变化的调制造成的。

根据以上短文，请回答以下问题：

（1）没有高能带电粒子，人们________（选填“能”或“不能”）看到极光现象。

（2）________在地球的两极地区轰击高层大气而形成了五颜六色的极光。

（3）依据短文中的信息，地球上的极光很难在赤道附近出现，你认为主要理由是____。

第四节　法拉第电磁感应定律

学习目标

掌握法拉第电磁感应定律；掌握导体切割磁感线时的感应电动势的计算。

学习指导

1. **产生感应电流的条件**：磁场中的线圈产生感应电流必须具备两个条件：

（1）线圈所在的电路必须闭合；

（2）闭合电路中磁通量发生变化。

2. **法拉第电磁感应定律**：N 匝线圈在磁场中产生的感应电动势 $E=N\dfrac{\Delta\Phi}{\Delta t}$。

3. **导线切割磁感线时的感应电动势**：导线切割磁感线时，如果满足 l、v、B 两两垂直，那么导线上的感应电动势 $E=Blv$。

巩固练习

一、判断题

1. 闭合电路的一部分导体在磁场中运动时，导体中就会产生感应电流。(　　)

2. 闭合电路中的部分导体在磁场中做切割磁感线运动时，导体中就会产生感应电流。(　　)

3. 法拉第电磁感应定律表明，感应电动势的大小与穿过电路的磁通量成正比。(　　)

4. 发电机是根据电磁感应原理制成的，它将电能转化为机械能。(　　)

5. 导体切割磁感线产生的感应电动势公式 $E=Blv$ 只适用于 B、l、v 两两垂直的模型。(　　)

二、填空题

1. 当通过闭合电路的________发生变化时，闭合电路中会产生感应电流，这个现象称为电磁感应现象。

2. 如图 5–17 所示，一条形磁铁与闭合线圈在同一平面内，在条形磁铁靠近闭合线圈的过程中，闭合线圈中________感应电流（填“有”或“无”）。

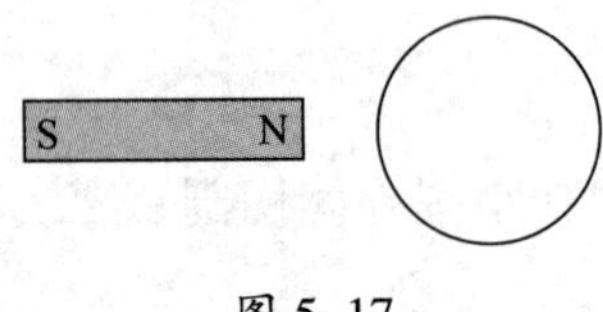

图 5–17

3. 如图 5–18 所示，一根导线与闭合线圈在同一平面内，在给导线通电的瞬间，闭合线圈中________感应电流（填“有”或“无”）。

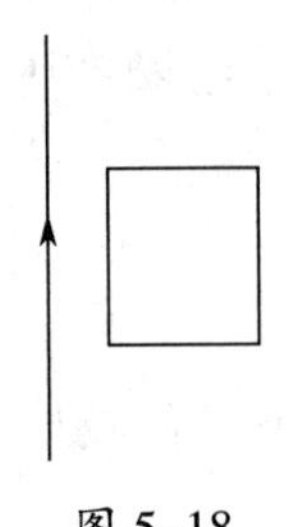

图 5–18

4. 伸开右手，使拇指与其余四个手指________，并且都与手掌在同一个平面内；让磁感线从掌心进入，并使________指向导线运动的方向，这时________所指的方向就是感应电流的方向。

5. 如图 5–19 所示，将磁铁从线圈中向上拔出的过程中，灵敏电流计 G 中______感应电流（填“有”或“无”）。

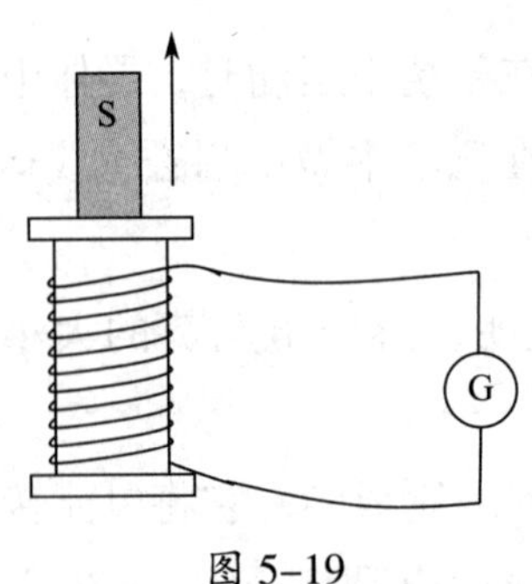

图 5–19

三、选择题

1. 下列关于电磁感应现象的说法中正确的是（　　）。

A. 只要闭合导体与磁场发生相对运动，闭合导体内就一定产生感应电流

B. 只要一段导体在磁场中运动，导体两端就一定会产生电势差

C. 感应电动势的大小与穿过回路的磁通量变化量成正比

D. 闭合回路中感应电动势的大小只与磁通量的变化率有关，而与回路的导体材料无关

2. 如图 5-20 所示，有导线 ab 长 l=0.35 m，在磁感应强度 B=0.4 T 的匀强磁场中，以速度 v=5 m/s 做切割磁感线运动，导线垂直磁感线，运动方向与磁感线及直导线均垂直。磁场的有界宽度 L=0.3 m，则导线中的感应电动势大小为（　　）V。

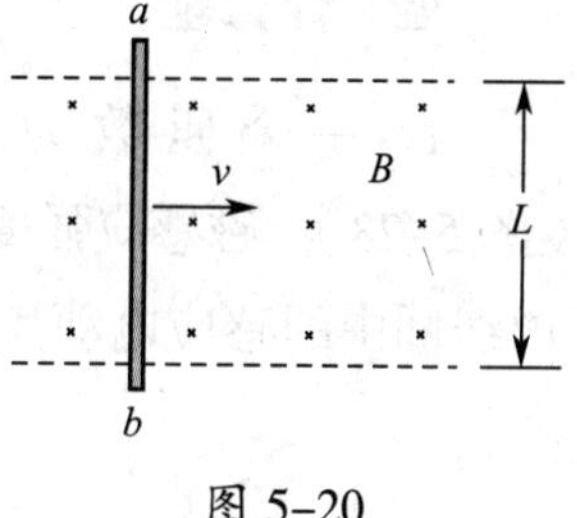

图 5-20

A. 0.48

B. 0.7

C. 0.16

D. 0.6

3. 如图 5-21 所示，挂在弹簧下端的条形磁铁在闭合线圈内振动，假设不计空气阻力，则（　　）。

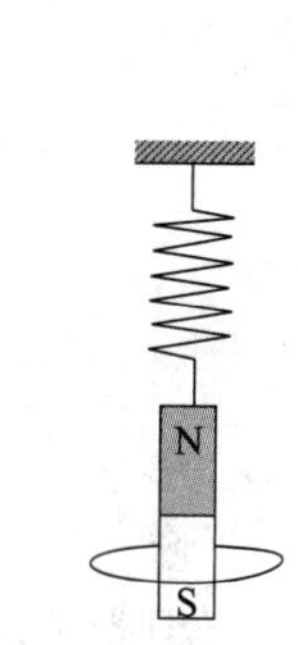

图 5-21

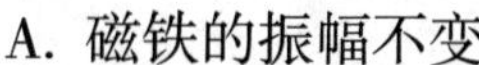
A. 磁铁的振幅不变

B. 磁铁的振幅逐渐减小

C. 线圈中的电流大小不变

D. 线圈中电流方向不变

4. 以下闭合线框在匀强磁场中运动，试判断哪个线圈会产生感应电流（　　）。

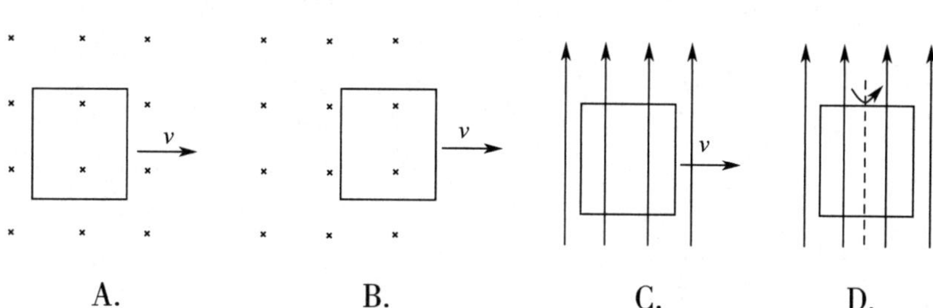

5. 在竖直向下的匀强磁场中，水平放置一个不变形的单匝金属线圈（图 5–22），线圈的面积为 S，当磁场的磁感应强度 B 随时间 t 变化关系为 $B=5\,t$ 时，关于线圈中感应电动势 E，下列说法正确的是（　　）。

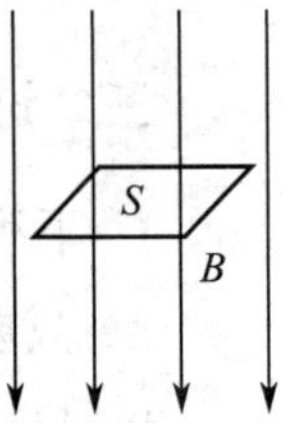

A. 线圈中感应电动势 $E=0$

B. 线圈中感应电动势 $E=5S$

C. 线圈中感应电动势不断变大

D. 线圈中感应电动势不断变小

图 5–22

四、计算题

1. 一个匝数为 10 匝、面积为 20 cm^2 的线圈垂直磁场放置（图 5–23），磁感应强度 B 在 0.5 s 内从 4 T 均匀增加到 9 T，求这段时间内线圈中的感应电动势。

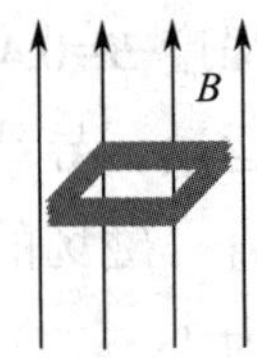

图 5–23

2. 一架喷气式飞机总翼长为 20 m，在地磁场竖直分量为 4.0×10^{-5} T 的区域中，沿地磁场水平分量方向匀速飞行，速度为 1 000 m/s，求飞机两翼端点之间的感应电动势。

3. 两根足够长的金属导轨 ab、cd 竖直放置，导轨间距离为 L，不计电阻。在导轨上端连接一电阻 R。整个装置置于磁感应强度大小为 B、方向垂直纸面向外的匀强磁场中。现将一质量为 m、电阻可以忽略的金属棒 MN 从图示位置由静止开始释放。金属棒下落过程中始终保持水平，且与导轨接触良好（图 5-24）。已知重力加速度为 g。求金属棒 MN 下落的最大速度。

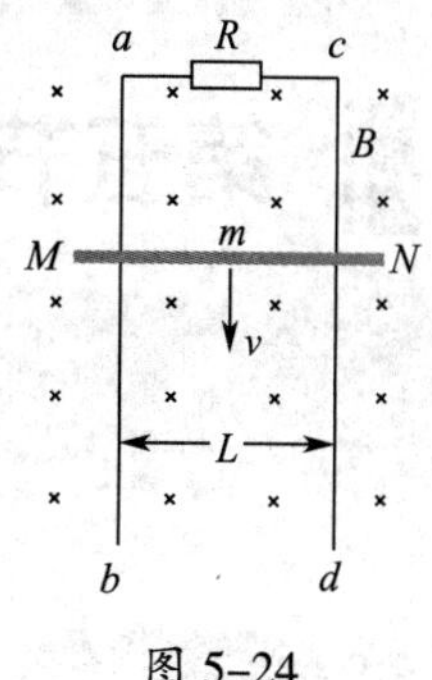

图 5-24

第五节　交流电及安全用电

学习目标

掌握交流电的概念及变化规律；理解交流电有效值的含义；掌握触电方式及触电急救的方法。

学习指导

1. **交变电流的概念**：电流大小和方向都随时间做周期性变化的电流称为交变电流。

2. **正弦交流电的电动势**：在磁场中匀速转动的线圈中，感应电动势为 $E=E_M \sin \omega t$，电动势最大值为 $E_M=NBS\omega$。

3. **交流电的有效值**：交流电的有效值是根据电流热效应规定的。让交流电和直流电通过相同阻值的电阻，如果它们在交流电一个周期内产生的热量相等，就把直流电的数值称为交流电的有效值。

4. **正弦交流电各量之间的关系**：正弦交流电的有效值为最大值的 $\frac{\sqrt{2}}{2}$ 倍。周期 $T=\frac{2\pi}{\omega}$，频率 $f=\frac{1}{T}$。

5. **用电安全**：一般情况下，人体能承受的安全电压是 36 V，能承受的安全电流是 10 mA。

6. **触电方式**：触电方式包括单线触电、双线触电和跨步电压触电。

7. **触电急救**：触电急救时一定要先切断电源，或者用绝缘物体将电线挑离触电者身体，再施救。

巩固练习

一、判断题

1. 交流电的有效值是指其瞬时值的平均值。(　　)

2. 交流电是指大小随时间做周期性变化的电流。(　　)

3. 交流电的波形只能是正弦波。(　　)

4. 家庭用电中，我们通常说的 220 V 电压是指交流电的平均值。(　　)

5. 发现有人触电时，应立即用手将其拉开。(　　)

6. 只有交流电才能导致触电事故，直流电是安全的。(　　)

7. 如有人处在高压导线意外落地的危险区域时，脱离危险的最简单方法是大步疾走出危险区域。(　　)

二、填空题

1. 交流电与直流电的主要区别在于，交流电的电流大小和方向会随时间做________变化。

2. 在交流电中，电流从正值变为负值，再从负值变回正值所需的时间称为一个________。

3. 我国民用交流电的标准频率是________Hz。

4. 交流电的有效值是指与直流电产生相同________效应的交流电的数值。

5. 在正弦交流电中，电流的最大值（峰值）I_M 与有效值 $I_{有}$ 之间的关系是________。

6. 不要在潮湿的环境中使用电器，以防发生________事故。

7. 发现有人触电时，应立即切断电源，并使用________物体将触电者与电源分离。

8. 不要在无人看管的情况下使用电热毯、电暖器等加热设备，以防发生火灾或________事故。

三、选择题

1. 关于交流电的概念，以下说法中正确的是（　　）。

A. 大小和方向都不随时间而改变的电流

B. 方向随时间做非周期性改变的电流

C. 大小随时间做周期性改变的电流

D. 大小和方向都随时间做周期性改变的电流

2. 图 5–25 所示为交流电的 U–t 图像，下列说法中正确的是（　　）。

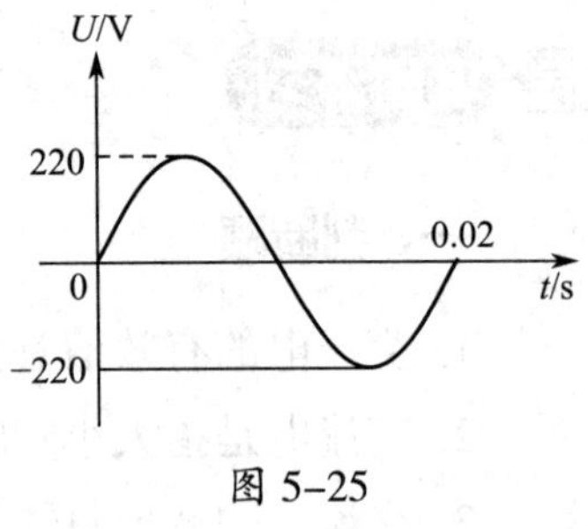

图 5–25

A. 该交流电电压的有效值为 220 V

B. 该交流电的频率为 100 Hz

C. 击穿电压为 250 V 的电容器可以使用该交流电供电

D. 该交流电的周期为 0.01 s

3. 关于正弦交流电的有效值，下列说法正确的是（　　）。

A. 最大值是有效值的 3 倍

B. 有效值是最大值的$\sqrt{2}$倍

C. 最大值为 311 V 的正弦交流电，电压有效值为 220 V

D. 最大值为 311 V 的正弦交流电，可以用 220 V 的直流电代替

4. 下列行为会发生触电事故的是（　　）。

A. 人的一只手接触火线，另一只手接触零线

B. 站在地上的人一只手接触零线，另一只手什么也没接触

C. 人的一只手接触到绝缘皮破损的火线，身上其他部位没有与零线或大地相连

D. 一人触电后，另一人用绝缘物体将触电者与电源分离

5. 针对跨步电压触电，以下防护措施中错误的是（　　）。

A. 穿绝缘鞋

B. 匍匐前进

C. 单腿跳

D. 双脚并拢一起跳

四、计算题

一交流电的电压 U 随时间 t 的变化规律为 U=537.4 sin 100t V，求该交流电电压的最大值、有效值、周期和频率。

第六章　光现象及其应用

本章主要学习了光的反射、折射与全反射，光的干涉、衍射及偏振等光学基础知识。重点需要掌握光的直线传播模型，反射定律与折射定律的物理意义，折射率的定义与计算；了解全反射发生的条件及其实际应用（如光导纤维），光的干涉与衍射现象的产生条件及规律，偏振光的特性与检测方法原理及应用等。

知识脉络图

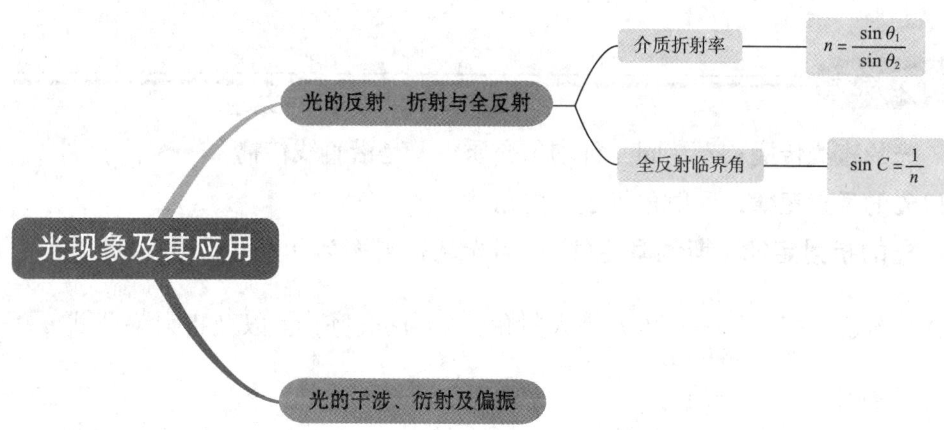

第一节　光的反射、折射与全反射

学习目标

了解光在同种介质中直线传播的物理模型；理解折射率的物理概念，掌握光的折射定律；理解全反射现象及其产生的条件，重点掌握光的折射定律及全反射发生条件。

学习指导

1. **光的直线传播：**光在同一种均匀介质中总是沿直线传播。

2. **光的反射定律：**反射角等于入射角。

3. **光的折射定律（斯涅耳定律）：**当光从折射率为 n_1 的介质射入折射率为 n_2 的介质时，满足：$\frac{n_2}{n_1}=\frac{\sin\theta_1}{\sin\theta_2}$（$\theta_1$ 为入射角，θ_2 为折射角），以及折射率公式 $n=\frac{\sin\theta_1}{\sin\theta_2}$（光从真空或空气射入介质）。

4. **全反射临界角：**光由折射率为 n 的介质射向空气或真空时，临界角 C 与 n 的关系为：$\sin C=\frac{1}{n}$。

5. **发生全反射条件：**光从光密介质射向光疏介质，且入射角大于或等于临界角。

巩固练习

一、判断题

1. 光在任何情况下均沿直线传播。（　　）

2. 当光从一种介质射入另一种介质时，一定会发生反射和折射现象。（　　）

3. 光的反射定律是：反射角等于入射角，且反射光线、入射光线和法线在同一平

面内。(　　)

4. 当光从空气射入水中时，入射角一定大于折射角。(　　)

5. 光从光密介质射入光疏介质时，一定会发生全反射。(　　)

6. 全反射发生时，折射光线完全消失，只剩下反射光。(　　)

7. 光纤通信是利用了光的全反射原理进行信息传输的。(　　)

二、填空题

1. 光从一种物质进入另一种物质时的传播方向会发生改变，这种现象叫作________。

2. 折射率反映了介质对光的折射程度。当入射角一定时，光线的折射角随着介质折射率的增大而________。折射率越大的介质，对光线的折射程度也________。

3. 早晨阳光射到地球上，看到太阳在远方的地平线上，阳光在这时________（填“是”或“不是”）直线传播的，因此，看到太阳的所在位置________（填“高于”或“低于”）太阳的实际位置，这种现象是由于阳光通过了大气层时发生了________而形成的。

4. 两种介质相比较，折射率大的叫________介质，折射率小的叫________介质。这种分类是相对的，例如：玻璃、酒精、水的折射率分别为1.5、1.36、1.33，酒精相对于玻璃来说是________介质，相对于水来说是________介质。

5. 当光线从光密介质射入光疏介质，同时发生折射和反射。当入射角增大到一定角度，使折射角达到________时，折射光线________，只剩下反射光，这种现象叫作全反射，这时对应的入射角叫作________角。

6. 光从介质射入空气时，发生全反射的临界角C与介质折射率n的关系是________。

7. 光由空气以45°的入射角射向某介质时，折射角是30°，当光由该介质射向空气时，发生全反射的临界角是________。

三、选择题

1. 在水面上观察插入水中的筷子，关于位于水里的部分，以下描述正确的是(　　)。

A. 向水面曲折　　B. 远离水面曲折

C. 没有变化　　D. 与水对光线的反射有关，难以确定

2. 光从空气射入水中，当入射角变化时，则(　　)。

A. 反射角和折射角都发生变化　　B. 反射角和折射角都不变

C. 反射角发生变化，折射角不变　　D. 折射角变化，反射角始终不变

3.《史记》《梦溪笔谈》中都有关于海市蜃楼的记载，宋代大诗人苏轼在《登州海市》中也描述过海市蜃楼的奇观。海市蜃楼现象的产生是由于（　　）。

A. 光的折射

B. 光的反射

C. 光的直线传播

D. 光的色散

4. 下面正确表示了光从空气进入玻璃中的光路图的是（　　）。

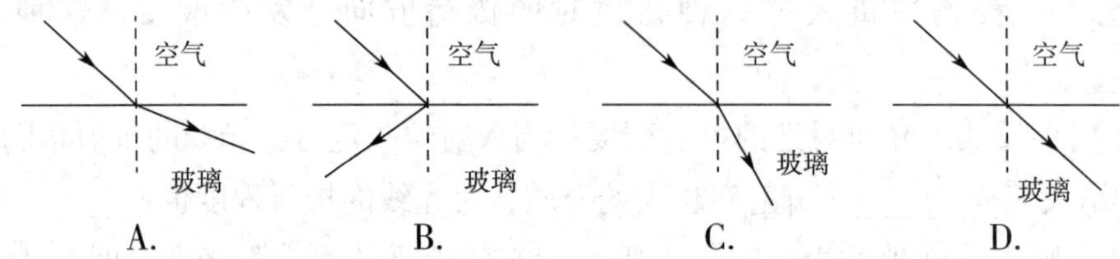

5. 下面四种情况中，能在空气和玻璃的界面上发生全反射的是（　　）。

A. 光从空气射向玻璃，入射角大于临界角

B. 光从空气射向玻璃，入射角小于临界角

C. 光从玻璃射向空气，入射角大于临界角

D. 光从玻璃射向空气，入射角小于临界角

6. 一束光在两种介质的交界面上发生全反射时，下列叙述正确的是（　　）。

A. 入射光线在光疏介质中

B. 光疏介质中不存在折射光线

C. 入射角大于折射角

D. 入射角小于临界角

7. 横截面为等腰直角三角形的三棱镜，临界角为 45°，光线从它的一面垂直入射，在图 6–1 所示的 a、b、c 三条出射光线中正确的是（　　）。

A. a

B. b

C. c

D. 都不正确

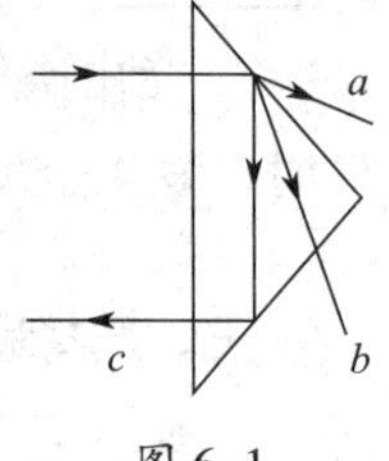

图 6–1

四、计算题

1. 一束光线从空气射入水中（水的折射率为 1.33），已知入射角为 30°。求折射角的正弦值大小。

2. 光线从水中（水的折射率为 1.33）射入空气中，入射角为 30°，试计算折射角的大小。

3. 一束光线从空气射入某种液体，当入射角为 45° 时，折射光线和反射光线的夹角为 105°，求：

（1）这种液体的折射率；

（2）光从这种液体射入空气时产生全反射的临界角。

五、作图题

如图 6–2 所示，*OB* 是一束由空气射到水面后的反射光线，在图中画出入射光线，标出入射角的度数，并画出折射光线的大致方向。

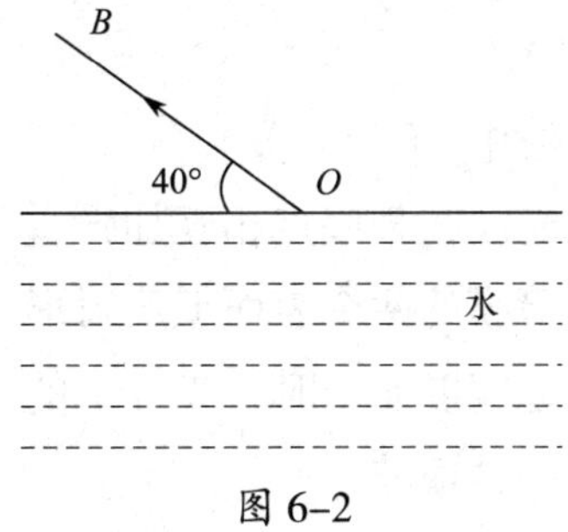

图 6–2

第二节　光的干涉、衍射及偏振

学习目标

了解光的干涉、衍射及偏振现象，了解其在生产、生活中的应用。重点掌握光的干涉条件，理解光的偏振现象。

学习指导

1. **光的干涉条件：**两列光波振动频率相同、振动方向一致、相位差恒定。

2. **光的衍射条件：**障碍物或狭缝尺寸与光的波长相近。

3. **劈尖干涉的应用：**劈尖干涉可用于检测表面平整度、测量薄膜厚度。

4. **偏振片的应用：**偏振片在 3D 眼镜、液晶显示器中都有广泛的应用。

5. **双缝干涉与单缝衍射的区别：**双缝干涉是多光束叠加的结果；单缝衍射是单光束绕射的结果。

巩固练习

一、判断题

1. 干涉现象只发生在机械波中。(　　)
2. 双缝干涉实验中，两束光波在某些点相互加强，形成亮条纹。(　　)
3. 薄膜干涉是由于光波在薄膜的两个表面上反射形成的。(　　)
4. 单缝衍射实验中，当狭缝宽度变窄时，光屏上的亮条纹变亮。(　　)
5. 光的偏振现象表明光是一种横波。(　　)

二、填空题

1. 两列光波在空间相遇产生干涉的条件是：两列光波的频率________，振动方向

____________，在相遇点的相位差____________。

2. 在双缝干涉实验中，当两个狭缝与屏上某点的距离之差等于半波长的________时，会出现亮条纹。

3. 单缝衍射实验中，狭缝越窄，中央亮条纹的宽度越____________，亮度越________；当狭缝宽度较宽时，光屏上会产生一条与狭缝宽度相当的____________。

4. 光的偏振现象表明光波的振动方向与传播方向____________。

5. 一线偏振光入射到检偏器上，当检偏器的透振方向与该线偏振光的振动方向垂直时，透射光____________。

三、选择题

1. 关于两光束的相干条件，下列选项中正确的是（　　）。

A. 两光束的振动方向必须相同，但频率可以不同，也可以有任意的相位差

B. 两光束只要频率相同

C. 必须满足三个条件：频率相同、振动方向相同、相位差恒定

D. 只有在真空中，两光束才能满足相干条件，因为空气和其他介质会干扰光的相干性

2. 当光通过单缝时，随着狭缝宽度变窄，关于光屏上的条纹变化，下列说法正确的是（　　）。

A. 条纹变宽且亮度增加

B. 条纹变窄且亮度增加

C. 条纹变宽且亮度降低

D. 条纹变窄且亮度降低

3. 下列现象不属于光的干涉现象的是（　　）。

A. 雨后，天空中出现彩虹

B. 自然光照射下，水面上的油膜出现彩色条纹

C. 一束激光利用分光镜分为两束，经过不同的路径后两束光再相遇形成明暗相间的条纹

D. 自然光照射到肥皂膜上，出现彩色条纹

4. 光的衍射现象表明光具有（　　）。

A. 粒子性

B. 波动性

C. 直线传播性

D. 折射性

四、简答题

1. 教室里的两盏日光灯能产生干涉现象吗？为什么？

2. 简述偏振 3D 技术。

第七章　原子结构及核能

本章节主要学习了原子结构及发现历程，核能，以及核技术应用等主要内容。重点理解电子、质子、中子的发现以及原子模型演变历程；了解质量亏损、核能、链式反应、临界体积及重核裂变等概念；了解热核反应、轻核聚变等概念；了解核能应用场景与技术挑战，并关注中国在核能领域的重大成就。

知识脉络图

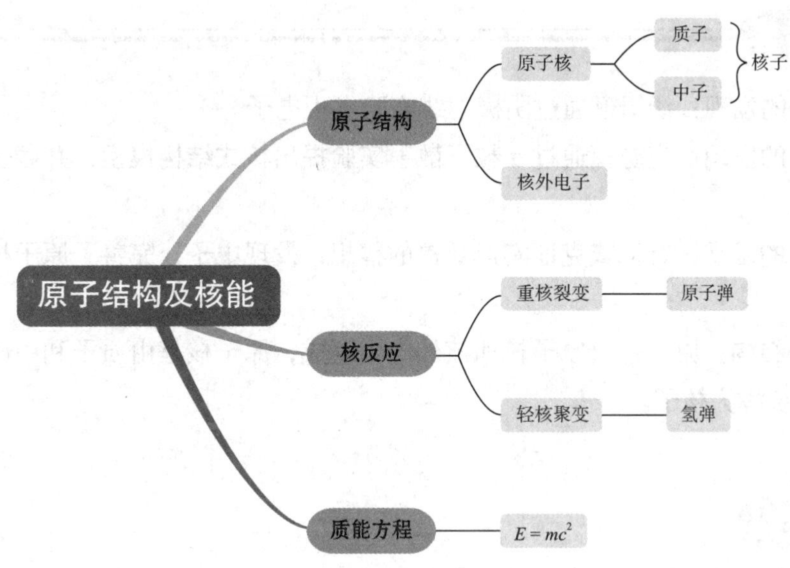

第一节　原子结构和原子核的组成

学习目标

了解人类探索原子结构的历程；通过 α 粒子散射实验，理解原子的核式结构模型；了解质子、中子，以及原子核的组成。其中，原子结构是学习重点。

学习指导

1. **电子的发现**：汤姆逊通过阴极射线实验发现电子。

2. **质子的发现**：卢瑟福通过 α 粒子散射实验提出核式结构模型，并轰击氮核发现质子。

3. **中子的发现**：查德威克证实卢瑟福的猜想，发现中子，完善了原子核组成（质子 + 中子）。

4. **原子结构**：原子是由原子核和核外电子组成，原子核是由质子和中子组成，质子和中子又统称为核子。

巩固练习

一、判断题

1. 汤姆逊通过阴极射线实验证明了原子是不可再分的最小单元。(　　)

2. 卢瑟福的 α 粒子散射实验表明，原子内部存在一个集中了全部正电荷和几乎全部质量的原子核。(　　)

3. 质子的质量与电子的质量相等。(　　)

4. 约里奥 · 居里夫妇发现了中子。(　　)

二、填空题

1. 1897 年，英国物理学家汤姆逊通过阴极射线实验发现了________。

2. 卢瑟福通过________实验，推断出原子内部存在一个集中了全部正电荷和几乎全部质量的原子核。

3. 1932 年，查德威克通过实验发现了________，证实了卢瑟福的预言。

4. 原子核由________和________组成，它们统称为核子。

三、选择题

1. 以下科学家中首先提出了原子的核式结构模型的是（　　）。

A. 汤姆逊　　B. 卢瑟福

C. 查德威克　　D. 约里奥·居里

2. 下列实验中，发现电子的是（　　）。

A. α 粒子散射实验　　B. 阴极射线实验

C. 油滴实验　　D. 核裂变实验

3. 关于质子与电子的质量比，下列选项正确的是（　　）。

A. 1∶1　　B. 1 836∶1

C. 1∶1 836　　D. 无法确定

四、简答题

1. 简述从汤姆逊发现电子到卢瑟福提出原子核式结构模型的科学探索过程。

2. 中子在原子核中的作用是什么？为什么中子的发现对于理解原子核的结构如此重要？

第二节　核能　核技术

学习目标

了解质量亏损、核能、链式反应、临界体积及重核裂变等概念，了解热核反应、轻核聚变等概念，关注核技术应用对人类生活和社会发展的影响。其中，质能方程既是重点也是难点。

学习指导

1. **重核裂变：**奥托·哈恩发现铀 –235 裂变，释放能量及中子。重原子核分裂成两个及以上中等规模原子核的过程，便是重核裂变。重核裂变反应方程：

$$^{235}_{92}U+^{1}_{0}n \rightarrow ^{141}_{56}Ba+^{92}_{36}Kr+3^{1}_{0}n$$

2. **轻核聚变：**由质量轻的原子（如氢的同位素氘和氚），在超高温超高压条件下，发生原子核互相聚合，生成较重的原子核（如氦），并释放出巨大能量的核反应过程。轻核聚变反应方程：

$$^{2}_{1}H+^{3}_{1}H \rightarrow ^{4}_{2}He+^{1}_{0}n$$

3. **核裂变优缺点：**能量密度高；但放射性废料处理困难。

4. **核聚变优缺点：**燃料丰富（海水富含氘）、清洁安全；但技术难度极高，需要在超高温超高压条件下才能发生聚变反应。

5. **中国核里程碑：**第一颗原子弹爆炸成功（1964 年）、第一颗氢弹爆炸成功（1967 年）、秦山核电站并网发电（1991 年）。

6. **质能方程：**物质质量亏损 Δm 时，释放能量 $\Delta E=\Delta mc^2$。

巩固练习

一、判断题

1. 核裂变反应中，燃料棒中的铀和钚能够释放出巨大的能量。(　　)
2. 核聚变反应的燃料资源非常有限。(　　)
3. 临界体积是核裂变技术中的重要参数，决定了裂变反应能否持续进行。(　　)
4. 中国第一颗原子弹的爆炸成功大大提升了中国在世界上的地位。(　　)
5. 核聚变反应需要克服巨大的电磁斥力才能发生。(　　)

二、填空题

1. 重原子核（如铀、钚）分裂成两个及以上中等规模原子核的过程，称为____________。

2. 1 千克铀 –235 完全核裂变释放的能量相当于____________吨煤炭燃烧释放的能量。

3. 一些核反应后的生成物的总质量比反应前的反应物的总质量减少的现象，称为____________。

4. 核电是一种技术成熟的________能源。秦山核电站于________年并网发电，结束了中国无核电的历史。

5. 某些轻核结合成质量较大的核，释放出比核裂变更多能量的核反应，称为____________。

6. 可控核聚变装置“中国环流三号”也被称为新一代________。

三、选择题

1. 下列选项中，不属于核反应的是（　　）。

A. 核裂变　　B. 核聚变

C. 化学反应　　D. 放射性衰变

2. 下列选项中不属于核裂变优点的是（　　）。

A. 能量密度高　　B. 燃料资源丰富

C. 可以持续产生能量　　D. 不会产生放射性废料

3. 关于核聚变的特点，下列说法正确的是（　　）。

A. 需要极高的温度和压力　　B. 产生大量放射性废料

C. 燃料资源有限　　D. 释放的能量较少

4. 中国第一颗原子弹在（　　）年爆炸成功。

A. 1958　　B. 1964

C. 1970　　D. 1980

5. 关于爱因斯坦的质能方程 $E=mc^2$，以下说法正确的是（　　）。

A. 质能方程表明质量和能量是两个完全不同的物理量，它们之间没有联系

B. 质能方程中的 c 是物体运动的速度，速度越大，物体具有的能量就越大

C. 质能方程揭示了质量和能量之间存在内在联系，即质量可以转化为能量

D. 根据质能方程，一个静止的物体由于没有动能，因此不具有能量

四、简答题

核裂变和核聚变分别有何优缺点？找找核反应在国民经济中有哪些应用？